全能小户型设计

住得小，不如住得巧

漂亮家居编辑部　著

华中科技大学出版社
http://www.hustp.com

中国 · 武汉

目录

PART 1
千万要避免！最常见的小户型 NG 设计

许多业主总是想让家具有所有的功能，可是空间有限，尤其是小面积的房子，更需要恰如其分的设计。如果设计不合理，户型就可能变得好看却不中用。本单元解析小户型常出现的问题，并提供改善方案及设计技巧，让你不用多花装修冤枉钱就可以享受惬意的生活。

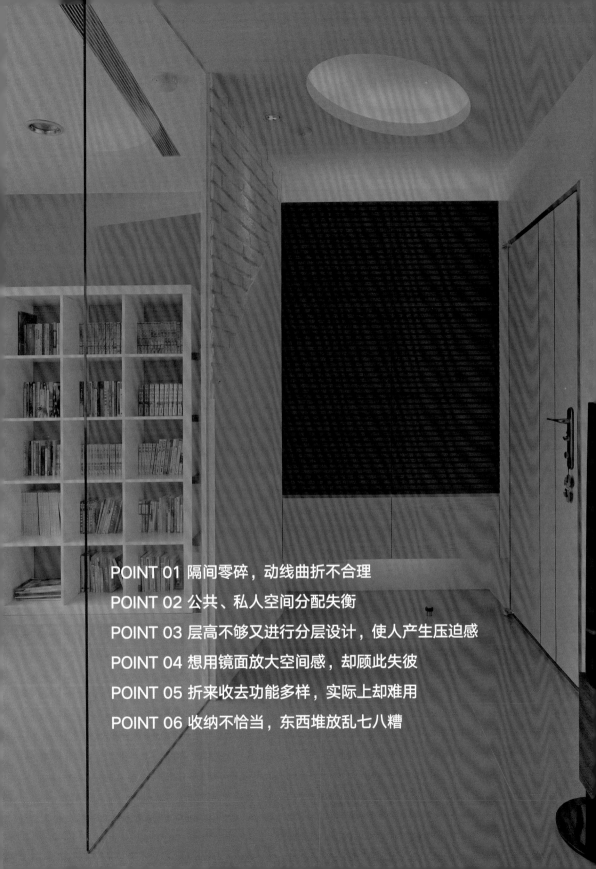

POINT 01 隔间零碎，动线曲折不合理

POINT 02 公共、私人空间分配失衡

POINT 03 层高不够又进行分层设计，使人产生压迫感

POINT 04 想用镜面放大空间感，却顾此失彼

POINT 05 折来收去功能多样，实际上却难用

POINT 06 收纳不恰当，东西堆放乱七八糟

隔间零碎，
动线曲折不合理

NG 1 功能区域同处于一侧，走廊狭长阴暗

每天回家都要经过狭窄阴暗的走廊，连放鞋子的地方也没有

插画 © 杨晏志

图片提供 © 虫点子创意设计

Solution

舍弃实墙隔断，通过走廊引光入室

当狭长型走廊难以避免时，只要转换隔断的概念，不用实墙分隔空间，改用具有收纳功能的鞋柜、餐柜、吧台、半高柜、落地帘、卷帘、拉门等弹性隔断界定餐厅、厨房、客厅和卧室等区域，就能将光线引入室内各处。

NG 2 转折动线过多，造成空间浪费

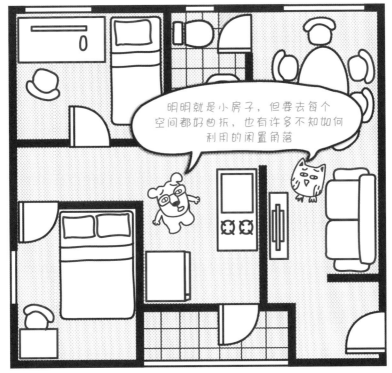

插画 © 杨晏志

S olution

零碎格局被整合，空间功能性增强

民众普遍都喜欢方正的房子，实际上正方形的空间不易规划出好的动线及格局。由于其缺乏长边，不易摆放家具，因此，划分功能区域时建议以长方形进行规划，同时适度采用弹性隔断或开放式设计，维持通透的空间感。例如将方形空间分成客厅与书房，并抬高书房的地板，以玻璃拉门分隔空间，让书房成为预备房间。

图片提供 © 虫点子创意设计

NG 3 进门就是卫生间或厨房

插画 © 杨晏志

图片提供 © 虫点子创意设计

S olution

避免进门见厨房，尽量把门隐藏起来

小户型的进户门经常被规划在橱柜或卫生间附近，导致一开门就看到凌乱的厨房或卫生间内部。但因管线设计的问题，不能移动厨卫位置，可以用隐形门的设计方式，让进门的空间变得清爽利落。例如以茶玻包覆卫生间门和橱柜门板的一体设计，让人不易察觉门的存在。

NG 4 畸零角落导致空间使用率降低

插画 ©杨晏志

Solution

将畸零角落归划为收纳区，拉齐空间线条

因建筑造型或结构梁柱的关系，在小户型中常出现难以利用的零散空间，一般与市面上的家具尺寸难以匹配，勉强使用反而产生堆积物品、藏污纳垢的死角。此时可以通过整体化设计，将凸出的梁柱、走道等与收纳需求相结合，设计柜墙、橱柜、储藏室等，使用材质或色彩一致的柜体门板，让视觉感受变得简单利落，将难以利用的畸零角落变为高效能收纳区。

摄影 ©Yvonne

公共、私人空间分配失衡

NG 1 卧室过大，客厅过小，没有规划餐厅

> 只有睡觉才会进房间，却把大部分的空间分配给房间，常常使用的客厅反而又挤又小

插画 © 杨晏志

Solution

把空间分配给最常使用的功能区域

装修房子时，屋主们经常会抱有许多期待：要五星级酒店的卧房，要美剧中的开放式厨房，要让客人留宿的客房……却忽略了每天最常使用的空间的便利性和舒适度。家是让人最为放松的场所，应该将空间分配给重点使用区域，以免装修完后仍让人感到空间局促、功能不全。

图片提供 © 奇逸空间设计

NG 2 规划两间卫生间，空间局促，难以使用

好想要干湿分离、能放松洗澡的卫生间喔

插画 © 杨晏志

Solution

一间功能完备的舒适卫生间更好用

在规划小户型格局时，求数量多不如求质量高。有些 30m² 左右的小户型规划有两间卫生间，空间受限，无法干湿分离，或是连转身、放换洗衣物的地方都没有，倒不如设计一间功能完善的卫生间。为了满足家人同时使用的需求，可适当分隔厕所与淋浴区，或外置洗手台，将空间使用率最大化。例如右图中这间 10m² 左右的主卧，原本还有一间小卫生间，用起来很不舒适，将其改造为深达 1m 的大型衣柜后，获得了充足的衣物收纳空间。

图片提供 © 甘纳设计

插画 © 杨晏志

图片提供 © 森境 & 王俊宏室内装修设计工程

S olution

通过动线规划就能避开尴尬视线

在无隔断的小户型设计中，开门后映入眼帘的经常是床铺，会让人感觉被窥视，缺乏隐私，除了用布帘、拉门等弹性隔断遮蔽之外，其实通过好的动线设计，就能让视线避开隐私空间。例如左图中这个 40m² 的套房，通过一条走道串联玄关、客厅、书房，睡眠区外侧设计卧榻式沙发，不走进室内就不会看到床，同时让小户型功能多样化。

Point 03 层高不够又进行分层设计，使人产生压迫感

NG 1 高度不足却又增设上层，总是要弯腰

插画 © 杨晏志

Solution
充分利用地板上下的空间

挑高户型若要增设上层，层高最好超过 4m，否则只能规划为储藏室或睡眠空间。另一个设计思路则是重新设定地板高度，因为收纳区被设置在高处不便于人们拿取物品，反而成为虚设，所以将地板局部架高，把收纳区设计在地板下方，用来储放换季衣物、棉被、行李箱等非常用的物品。也可以利用错层的设计手法，充分利用空间。

图片提供 © 绮寓空间设计

NG 2 增设上层后影响采光，室内变得阴暗

设想到多了一层，虽然使用空间变大，但采光却大受影响

插画 © 杨晏志

图片提供 © 大晴设计

S olution

采光面保留挑空，引进自然光

窗户大小和是否有充足的自然光源，都会影响空间感。尽量将光线引入室内，能使空间感得以延伸，自然有放大小宅的效果。在挑高户型中增设上层，楼板会阻挡采光，让室内变得阴暗。解决的方式是上层不做满，顺着采光面保留挑空，或是让部分楼板采用透光材质，这样可以解决阴暗问题，同时降低压迫感。

NG 3 楼梯所占位置不合理，容易让人撞到大梁

楼梯虽大，但容易撞到头

插画© 杨晏志

S olution

结合功能设计，
让楼梯成为装饰物

楼梯是复层空间中必不可少的元素，但在小户型设计中，如果将楼梯放错位置或设计不合理，则会让动线变得不顺，让人产生压迫感，上下楼梯时甚至会造成危险！例如右图中的这个小户型，以钢柱木踏板设计的开放式楼梯，结合隔断、衣橱、书桌，不仅成为客厅与卧室的格栅装饰，同时又能分隔功能区域，具备多重功能，将空间利用最大化。

图片提供© 杰玛室内设计

Point 04 想用镜面放大空间感，却顾此失彼

NG 1 贴镜子有放大空间的效果，但光到处反射会让人心神不宁

> 贴镜子是为了增强空间感，入住后却常被光影吓到

插画 © 杨晏志

图片提供 © 虫点子创意设计

Solution

局部使用镜子就能增强空间感

镜面能反射光线，增强空间感。但若在房屋中大量运用，容易让人情绪不安，产生压迫感，同时也不易清洁维护。可在较窄的走廊或玄关柜处，适度加入镜面造型或镜面拉门，或是局部采用普通镜面、印花镜面、造型镜面等材质，都能产生放大空间的视觉效果。

NG 2 隔墙全用玻璃，缺乏隐私，让人没有安全感

玻璃隔间不会阻碍视线，但容易让人分心又没安全感

插画 © 杨晏志

S olution

用有色或雾面玻璃降低窥视感

在小户型设计中，设计师常用玻璃等材质做隔断，玻璃的通透感虽有放大空间的效果，但同时让空间缺乏隐私性，如何让二者兼顾呢？可在玻璃隔断上加上窗帘或布幔，或者选择透视度较低的雾面玻璃或玻璃砖等。如书房与卫生间都用玻璃推拉门，卫生间采用绿色玻璃，不但透光，还不易看清其内部空间。

图片提供 © 奇逸空间设计

Point 05 折来收去功能多样，实际上却难用

NG 1 架高地板做招待客人的和室，一年用不到几次

插画 © 杨晏志

图片提供 © 橘研设计

S olution

开放式和室取代密闭房间，用途更多

可以用曾经流行一时的和室来招待客人，关上和室的拉门就是客房，看似用途多样，但若家里不常接待客人，和室就容易变成闲置空间。若想在小面积住宅规划一个弹性空间，不妨将开放式和室与邻近空间串联使用，例如，在客厅一角规划兼具午睡、泡茶、打牌、储物的开放式和室，真正赋予该空间实用功能。

NG 2　配备机关设计，因不经常使用而损坏

才安装好不久，隐形床使用起来好吃力，是哪里出了问题

插画 © 杨晏志

Solution

机关设计只是手段，目的是为了方便好用

小户型有巧妙的机关设计似乎很有创意，但毕竟每个人生活习惯不同，有些人能够接受这种机关设计，而有些人只是觉得很新鲜，平时却很少用。机关设计通常使用特殊的五金配件，使用频率低、缺乏保养会导致零件损坏，时间长了反而变成无用之物，在起初的设计规划时要思考自己是否真的会用到机关设计。如为了在小户型的卧室、客厅都能看电视，利用旋转电视墙就能解决问题，将一台电视轻轻一推就能两边收看。这种机关设计要经常使用才能发挥它的价值。

图片提供 © 奇逸空间设计

NG 3 为增加收纳量而做了机关设计，却没考虑承重等设计细节

书柜容量好大，好用吗

后层柜子的东西放上去后就再也没动过，因为书柜太重，很难推

插画 © 杨晏志

图片提供 © 大晴设计

Solution

想要增大收纳量，也要考虑使用的顺手程度

有时候为了单一目的而设计的机关家具，不见得经常使用。让一件家具有多重使用方式，可能是更实用的做法。如结合楼梯进行设计，规划出可多面使用、具有侧拉式抽屉的柜体，并结合拉门将楼梯下的角落规划为储藏室，不但能增加收纳量，可操作性也很强。

NG 4 想要餐桌书桌兼用，3C 产品占满桌面反而没处吃饭

想要餐桌兼书桌使用，结果吃饭时还要把东西移开

插画 © 杨晏志

S olution

功能多元化的产品设计，使用方式及尺寸是关键

将餐桌当作书桌使用时，高度要设计为 75 ~ 80cm，桌面也一定要够宽、够大，可以设计为中岛延伸餐桌、L 型大桌等。由于在不同时段，桌面会有不同用途，因此要结合收纳设计，避免物品堆放于桌面难以使用。现在 3C 产品（计算机、通信和消费类电子产品）多半有充电需求，也要对插座位置进行设计，人们用起来才能更为便利。

摄影 © Yvonne

摄影 © Yvonne

Point 06

收纳不恰当，东西堆放乱七八糟

NG 1 收纳柜集中于一处，房屋面积虽小拿东西却要折返跑

> 本来觉得将相关物品收在一起很合理，实际上使用起来却非常不方便

插画© 杨晏志

图片提供© 禾光室內装修设计

S olution

依照物品使用情况设计收纳区

影片中常见的大型更衣室会将衣服、鞋子、包包、配件等收在同一区域，如豪华精品展间。若将这些物品集中于一处收纳，整装出门前可能会发生在家里跑来跑去的情形。鞋柜规划要依照习惯动线，最好设在入门处门后方的空间最适合。

NG 2 柜子很多，但是东西摆上去就是显得乱

当初给部分柜子安上门板就好了，东西全部都露出来好乱啊

插画 © 杨晏志

S olution
同时规划展示型和储藏型收纳空间

房子小更需要通过整理让空间最大化。例如将玄关、客厅必须容纳的收纳空间整合设计成一面柜墙，并隐藏鞋柜、书柜、收纳柜，将局部开放式柜格作为陈列展示区，让电视墙下方悬空，这样便于收纳玩具箱等物品。

图片提供 © 甘纳设计

NG 3 做了大衣柜，换季棉被还是没地方放

花钱做了大衣柜，结果还是放不进去换季的厚棉被

插画 © 杨晏志

摄影 © Yvonne

Solution
善用过道、梁柱下方空间、楼梯下方空间、零散的空间进行收纳

不是只有衣柜可以收纳衣物，床下的空间或是床头、梁柱下方空间都可规划为收纳区，如垫高地板 50 ~ 70cm；将地板下方空间设计为储物区；床头柜掀开后，可用来收纳换季衣物、棉被及行李箱等；将床头梁柱下方的空间规划为衣柜，同时还能避开风水禁忌。相较于衣柜，更衣室的收纳功能更强，运用过道或零散的空间可以规划更衣室。卧室若太小，衣物收纳区不一定非得设计在卧室，也可利用夹层楼梯的下方空间或过道作为衣物收纳柜。

NG 4 量身定做了很多收纳空间，却缺乏使用弹性

> 柜子的层板是固定式的，新买的书籍物品放不进去

插画 © 杨晏志

S olution

储藏室搭配成品铁架，储物更便利

家中难免会有一些季节性电器、囤货的卫生纸、日用消耗品、打扫工具等物品需要空间储放，若是后续出现新增的物品，如在孩子出生后买的婴儿车、玩具等，为它们一一定做专属的收纳空间不切实际。不如运用家中的角落规划储藏室，通过市面上销售的成品铁架、层板等收纳物品，对其分门别类地进行整理，将储藏室的门关上后家里依旧清爽整齐。

摄影 ©Yvonne

PART 2
想要的功能通通满足！
一个空间多种用途

许多屋主好不容易买下小面积住宅，却苦恼空间不够用，此时设计就是关键！可以赋予一个空间多种用途，如在客厅角落增设卧榻，搭配卷帘作为临时客房；或是把隔断和收纳柜有效结合，设计双面柜，获得更充足的收纳容量；将半高电视墙结合书桌进行设计，让客厅成为书房。

一间变两间的空间魔法术

01_ 既是住所也是工作室的迷你家居

屋主是室内设计师，期望在面积仅 53m² 的空间中平衡工作和生活。这间 40 年的老公寓必须装进屋主所有的生活梦想和需求，包括工作所需的会议与办公空间，以及客厅、餐厅、厨房、卫生间及卧室等基本空间，还要有供亲友留宿的客房和收纳储藏室。设计师将采光最好的区域留给公共空间，并以旋转门、透光的玻璃与轻柔的布帘等划分出私人空间。动线清晰，将空间分割出互不干扰的关系，让生活与工作节奏分明。

Basic Information

屋主：chen & lin 面积：53m²
家庭成员：2 人 + 3 只狗
说赞好设计：餐桌与会议桌共用

01. 工作桌与餐桌共用的好生活：会议区被横向规划在采光较好的入口处，长桌连接流理台与厨房设备，构成开放的餐厨区，白天工作时是会议洽谈区，下班后就是与家人共度欢乐时光的餐桌区。

图片提供 ◎ 甘纳设计

動線
贊

图片提供 © 甘纳设计

02.

利用旋转门自由调整动线：旋转门为空间增加更多可能性，平日办公时打开旋转门就能感受户外的阳光，到了夜晚将旋转门关上，则让办公区成为一个私密的空间，从而显现家的味道。

图片提供 © 甘纳设计

03.

空间虽小，洗浴功能齐全：身为设计师的屋主，重视工作之外的生活品质，卫生间虽然不大，但该有的功能一样不缺。

图片提供 © 甘纳设计

04.

拉上帷幕独享私人空间：运用玻璃隔断让睡眠空间保留视线上的通透感，用帷幕保护寝居的隐私。

02_界定空间做得好，一室就能变两室

原为一室一厅的小户型，设计师将原本的隔墙拆除，改以磨砂玻璃拉门分隔客厅和主卧。书房和卧室的隔墙则用双面柜取代，让空间形成两室一厅的格局，这个柜体除了用来界定空间，也让两个房间的功能更完善。书房中设计师结合双层书柜、衣柜与穿衣镜而设计的多功能柜体，不仅多了一个更衣间，也使得空间利用更多元化。

图片提供 © 砂古设计工程

Basic Information

屋主：Sandy　　面积：41m²
家庭成员：1 人
说赞好设计：隔间、收纳

01. 利用清透材质淡化隔墙的存在感：将原本的隔墙拆除之后，改用通顶的无门框磨砂玻璃拉门，如此一来不仅淡化了隔墙的存在感，也让卧室、客厅的空间放大，采光也变得良好。

功能赞

图片提供 © 博森设计

02. 双面柜的使用创造绝佳空间效益：双面柜兼具展示的功能，还能分隔空间，搭配可旋转的电视，在主卧使用时，双面柜就能成为电视墙，当电视转向书房时，又能将其当成电脑屏幕使用。

03.

利用弹性隔断营造出不同空间感：拆除隔墙，改用磨砂玻璃拉门分隔客厅、主卧，营造出截然不同的空间感。

图片提供 © 博森设计工程

图片提供 © 博森设计工程

04.

多层次柜体让书房亦是更衣室：设计师在书桌背后设计了多层次的收纳书柜，并兼容衣柜与穿衣镜，让看似只具有单一功能的书房具备了更衣室的功能。

图片提供 © 博森设计工程

05.

美感与实用兼具的设计：玄关入口处利用明镜反射的效果放大空间。另外，经过特殊喷漆处理的镜面，不但具有穿衣镜的功能，还使得虚实交错的新古典元素充满设计感。

03_ 在卧房中增设书房，一个空间两种功能

38 年的老房子有着格局过长的弊病，用长墙将空间一分为二后，产生了极为浪费空间的长廊走道。为了充分利用 59m² 的空间，将长墙拆除，因为仅有夫妻俩人同住，不用担心隔音问题，所以将电视柜结合卧室房门设计出隔断柜，享有更充足的收纳空间。

Basic Information

屋主：傅先生、傅太太　　面积：59m²
家庭成员：夫妻
说赞好设计：隔断柜设计

01 深浅电视柜满足各种收纳需求：电视柜左侧的双开门柜占用卫生间的部分空间，深度为 60cm，右侧开放式的层柜则深度较浅，主要收纳书本和各种装饰品。

收纳赞

图片提供 © 尔声空间设计

收纳
赞

图片提供 © 尔声空间设计

02 公共、私人空间交接地带，收纳更多元化：卧室与客厅之间的分隔并未使用实墙，仅以推拉门和左右侧的柜体作为轻隔断，钢琴侧面设计了 35cm 深的浅柜，专门收纳琴谱。

图片提供 © 尔声空间设计

图片提供 © 尔声空间设计

 秘密通道，互通琴曲爱语：主卧设有男主人的阅读区，书桌旁的书柜实为穿透式的双面柜，不仅可双面使用，当女主人在卧室外练琴时，也能让悠扬的乐曲与男主人相伴，甚至两人相互对话。

04_二进式主卧分隔公共、私人空间，使用弹性佳

原始户型客厅过大，卫生间太小，厨房布局不合理。设计师经过重新规划，解决了屋主的烦恼：入门处的玄关柜可以增大收纳空间，玄关柜连接吧台的设计创造了用餐空间。将原本方正的卫生间格局调整为狭长型，并与主卧更衣室相连。卫生间的入口处设计为三条动线：其一，从厨房旁进入，客人再也不用进入主卧后使用卫生间；其二，由更衣室进入；其三，从主卧进入。以双开门作为客厅与主卧的隔断，使双进式主卧的空间公私分明，使用起来更具弹性。

Basic Information

屋主：林先生　　面积：53m²
家庭成员：1 人
说赞好设计：格局

01. 弹性隔断让房间使用更灵活：将原来的两房合并，并延伸走道，设计为二进式主卧，这种先进书房再进入主卧的布局形式，使书房既可独立使用，也可成为主卧的一部分。

图片提供 © 将作空间设计 & 张成一建筑师事务所

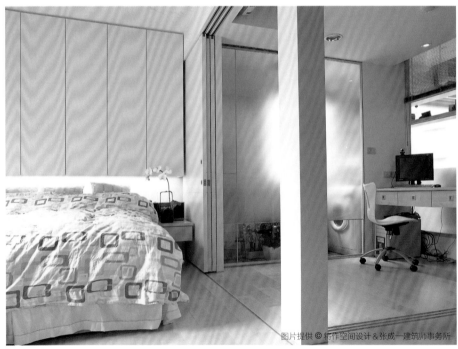

图片提供 © 将作空间设计 & 张成一建筑师事务所

图片提供 © 将作空间设计＆张成一建筑师事务所

03.

三条动线的设计让空间更自由：将原本方正的卫生间格局调整成狭长型，并与主卧更衣室相连，设计成三条动线，分别从厨房、更衣室及主卧进入卫生间。

图片提供 © 将作空间设计＆张成一建筑师事务所

02.

兼具采光与收纳功能的隔断设计：客厅与书房之间用玻璃作为隔断，并结合木作层板及矮柜，用来收纳视听设备和展示收藏品。玻璃的穿透感可以让光线进入书房，同时也增强了空间感。

功能赞

04.

通过柜体设计串连空间关系：入门玄关处规划了落地柜，将其作为玄关收纳区，柜体同时也是厨房与玄关之间的隔断。开放式厨房的延伸吧台，既可保持空间的通透感，也能让厨房成为用餐区。

图片提供 © 将作空间设计＆张成一建筑师事务所

朋友留宿不怕没房间

01_ 超灵活的弹性隔断，空间运用自如

屋主是一对即将退休的夫妻，他们决定离开节奏感较快的城市，移居生活节奏缓慢的台湾新北市淡水区。因为平时只有夫妻两人居住，于是在设计师建议下，卧室采用了半开放式设计，假如有朋友来访，甚至留宿，可坐可卧的架高地板区十分宽敞，睡上十来个人也不成问题。由于整体空间是全开放式的格局，屋主笑称："每天的慢节奏生活好舒服。"

Basic Information

屋主：退休人士　　面积：59m²
家庭成员：夫妻
说赞好设计：格局

01. 多功能卧榻：两扇大窗前的地面以木地板架高，搭配电视半墙这种象征性界定隔断，将架高区规划为多功能休憩区，就算招待多位亲友留宿也没问题。

图片提供 © 虫点子创意设计 X 室内设计

图片提供 © 虫点子创意设计 X 室内设计

02. 集中储物管理：为了营造最开阔的空间感，设计师利用玄关进门处设计了连续收纳柜，柜间镶嵌局部镜面玻璃，并将卫生间入口巧妙地隐藏在柜体之中。

03. 浪漫迷你艺廊：灯光就像空间化妆师，在深浅有致的聚光灯下，墙面上高低起伏的层架显得简洁利落，架上可随意摆放屋主收藏的框画或小品，打造俨然精致的迷你艺廊。

图片提供 © 虫点子创意设计 X 室内设计

功能赞

图片提供 © 虫点子创意设计 X 室内设计

04. 日式寝卧区：摆脱一般卧房的设计形态，运用白文化石垒砌电视半墙，象征性地界定由木地板架高而成的睡眠区，休憩时只需从一旁柜内搬出卧铺。

02_定义格局不设限，小资女的百变精品宅

在一室一厅一卫的住宅中，设计师以开阔的格局为主，搭配具有穿透感的玄关，利用刻意留白的铁件、木作隔屏，以及多层次的家具，界定出玄关、客厅、书房与卧室空间，再运用如一道墙体的隔间拉门，分隔具有大型泡澡浴缸的宽敞卫生间，且利用盥洗台前大片镜面玻璃的反射效果让空间放大。

Basic Information

屋主：小资女　　面积：26m²
家庭成员：1 人
说赞好设计：格局

图片提供 © 森境&王俊宏室内装修设计工程

01. 临窗沙发也是卧榻：结合书柜设计的定制书桌，兼具餐桌功能，沙发也延伸为餐椅的一部分，足够长的沙发可以充当休息的卧榻。

图片提供 ⓒ 森境&王俊宏室内装修设计工程

02. 利用玄关隔屏区分里外空间：以铁件、木皮材质呼应整体空间特性，刻意将玄关隔屏的上、下部位"留白"，不仅可以化解风水禁忌，区分空间，也不会给人造成压迫感。

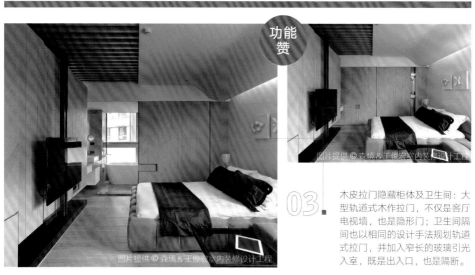

功能赞

图片提供 ⓒ 森境&王俊宏室内装修设计工程

图片提供 ⓒ 森境&王俊宏室内装修设计工程

03. 木皮拉门隐藏柜体及卫生间：大型轨道式木作拉门，不仅是客厅电视墙，也是隐形门；卫生间隔间也以相同的设计手法规划轨道式拉门，并加入窄长的玻璃引光入室，既是出入口，也是隔断。

03_闺蜜来访也住得下的全能迷你宅

经济独立又有品位的女屋主，期待自己的小窝被设计成清新典雅又简约时尚的古典美式风格。虽然面积很小，但屋主要求在主卧外一定要有更衣室，这样才能放得下女生永远不嫌多的衣服；而且还要有客房，如果有闺蜜来访，可以留宿。设计师利用夹层的高低差将空间区分成三段，完全发挥挑高户型的优势，以错落的安排方式，让每一段都有足够的高度，而且让生活动线流畅便捷。以简约的线板勾勒重点的设计，取代了传统古典的繁复装饰，让小空间有着轻盈而丰富的格调。

Basic Information

屋主：Windy　　面积：40m²
家庭成员：1 人
说赞好设计：格局

01. 利用端景墙巧妙化解困扰：入口处正好与厨房流理台相对，设计师加了一道与电视柜相同的线板端景墙，与吧台结合起来设计，不但避免了风水忌讳，而且还能引入光线。

图片提供 © 绮寓空间设计

02.
巧思营造住的趣味：当主卧房门开启时，与客房相连的墙面就形成一实一虚的对应关系，让上、下楼梯的过程也多了一丝趣味性。

图片提供 © 绮寓空间设计

图片提供 © 绮寓空间设计

03.
在主卧中增设屋主期待的更衣间：设计师利用床的后方空间设计了更衣间，让空间的功能更为完备，满足了女主人的小梦想。

功能赞

04.
在客房中增加平日收纳功能：夹层下方是主卧，上方是结合了休憩与收纳的实用客房，空间使用十分灵活而有弹性，不但将有限的面积最大化，空间上也没有局促、低矮的感受。

图片提供 © 绮寓空间设计

04_开放式设计赢得生活便利最大值

层高 3.4m 的小面积住宅，拥有三面采光的通透视野，屋主希望在采光良好的空间中，将挑高特性表现出来。主卧设于一楼，使用起来舒适且不压迫，约 10m² 的上层空间，可弹性地用作书房或简易起居室，有亲友来访时也能作为客房。将收纳空间尽可能地安排在夹层，仅在一楼设置少量的立柜、矮柜。拆除卫生间的实墙隔断，以白膜玻璃取代，让光线进入室内。

Basic Information

屋主：Ann　　面积：46m²

家庭成员：1 人

说赞好设计：格局

质感赞

图片提供 © 杰玛室内设计

01 利用自然素材表现空间调性：楼梯隔断以铁件吊挂手法呈现，卫生间的实墙隔断以白膜玻璃取代，成功地保留了绝佳的采光性与穿透性。

图片提供 © 杰玛室内设计

02.

预留具有弹性的上层空间：在上层空间中设计师规划了大量的置物空间，这个空间的功能属性主要是书房，若有亲友来访，也可以作为简易的客房。

功能赞

图片提供 © 杰玛室内设计

03.

楼梯里有书桌还有柜体：为了使楼梯的功能更多元化，设计师结合书桌与柜体进行设计，让其高度与楼梯板的位置相适应，使用起来便利舒适。

图片提供 © 杰玛室内设计

04.

利用活动拉窗化解风水问题：主卧床头墙以橡木设置活动式拉窗，既可化解床头窗户的风水禁忌，采光的优势性也得以凸显。

05_ 一物多用，功能超强大

屋主买下这个小套房是为了给就读大学的女儿居住，希望赋予空间生活所需的各种功能。设计师考虑女儿会脱换鞋子、搁放包包，则将厨房从入口处往后移，改设穿鞋椅、衣帽柜与鞋柜，全屋定制的木作及家具，充分利用了空间；用地板高低差来界定各区的设计，保留了双面采光的优势。用柜体收纳衣物、家电的设计形式能轻松地维持室内的整洁度。

Basic Information

屋主：大学生　　面积：40m²
家庭成员：1 人
说赞好设计：格局

01. 沙发是卧铺的延伸：沙发垫的高度与卧铺相同，移除活动式靠背，就能和卧铺相连，形成一张大床。

图片提供 ◎ 森境&王俊宏室内装修设计工程

图片提供 © 森境＆王俊宏室内装修设计工程

02 化零为整的同时界定空间：利用地板高低差、天花造型与家具，暗示空间属性，并将收纳空间进行整合设计，让人只看到利落的木质柜体，看不到杂物。

功能赞

图片提供 © 森境＆王俊宏室内装修设计工程

图片提供 © 森境＆王俊宏室内装修设计工程

03 功能满满的餐厨和书房：让落地木作柜有收纳冰箱、各种厨房家电及杂粮的功能，底部设有冰箱专用的透气孔。将木作柜延伸出层板收纳区，与一旁的书桌连接，让小户型也有完整的餐厨和书房。

Point 03
柜体功能性强，既是隔断又能收纳

01_ 利用系统柜体当隔断，创造丰富的收纳空间

屋主是年轻上班族夫妻，希望能在有限的预算之内，拥有充足的收纳空间，以及令人向往的清爽、舒适的北欧风格。设计师运用系统柜跳色的搭配，结合局部以木作线板进行装饰、色块铺陈的设计方法，让这些收纳柜体有木作般的质感。由于采用了柜体当隔断、悬浮式设计等手法，让小户型获得丰富的实用收纳空间的同时，令人没有压迫感。

Basic Information

屋主：大仁哥　　面积：53m²
家庭成员：夫妻 +1 个小孩
说赞好设计：柜体

收纳赞

图片提供 © 法艺设计

01_ 利用柜体当隔断，增加收纳空间：为小厨房增设长为 2m 的吧台，可以扩充吊柜、电器柜等收纳空间，同时也可以成为沙发背墙。吊柜最侧边运用开放式层架设计，化解了视觉压迫感，淡化了柜体的厚重感。

图片提供 © 法艺设计

02_ 系统柜的跳色设计兼具收纳功能与美感：餐厅柜体同样运用系统柜做深浅木纹的跳色搭配，兼具实用收纳功能与生活美感，同时又能精准地掌握装修费用的分配。

03 柜体跳色设计丰富了空间层次：结合展示、收纳等多种用途的电视柜，以纯白色搭配木纹材质，主墙刷以较为沉稳的蓝色调，可以避免视觉效果过于杂乱。

04 鞋柜隔断让空间更加富有弹性：玄关、餐厅之间利用通顶的鞋柜作为隔断，日后增加拉门就能变成书房。

05 修正柜体斜角，创造收纳区：卧房床头处有大斜角这种不规则的结构，巧妙利用系统柜体修饰格局，增加床头处的储藏空间，还能优化梳妆台的功能。

02_空间重叠，使用功能相互并存

这是个仅 23m² 的空间，除了是住宅还兼具度假屋的功能，为了实现多功能设计，及境国际有限公司设计师许维庭保留原先汤屋、卫生间、厨房等位置，将其余空间整合后作为起居室。她试图承袭日本一室多用的概念，辅以升降桌设计，让和室空间拥有更多的使用弹性，不仅可以作为客厅，还可以当作卧房使用，甚至下方还具有收纳功能。另外，空间中的置物区也设计得相当轻巧，除了采用独立柜体外，还以层板展现，让收纳功能与设计形式相互融合，更重要的是营造出了一种无束缚的空间感受。

Basic Information

屋主：吉田　　面积：23m²
家庭成员：4 人
说赞好设计：客厅、汤屋

01. 内嵌式设计饱含实用功能：由于空间不大，因此设计师将地板架高，再辅以内嵌式设计，不仅能将具有升降功能的桌子隐藏其中，还兼具置物功能。

功能赞

图片提供 © 及境国际有限公司

02. 使用重叠手法展现空间的多样性：为了实现空间的多样性，设计师将日本一室多用的概念注入其中。升降桌藏于底部，当它升起时该空间则是客厅，将其收于底部，该空间则变为一间完整的卧室。

图片提供 © 及境国际有限公司

03. 适度设置立柜，清楚地划分空间：玄关处配有简单的一字型厨房，让厨房和起居室这两个空间以重叠方式并存；再往内则立了一道立柜，仿佛是用以宣告已进入了室内客厅处，这种设计形式可以将小环境界定清楚，并提供收纳功能。

图片提供 © 及境国际有限公司

图片提供 © 及境国际有限公司

04. 利用透光材质创造明亮的空间效果：由于面积较小，设计师特地在拉门处加入了透光材质，另一旁的汤屋也特别使用玻璃门，让光线能够进入室内，达到简洁、透亮的效果，给人以宽敞、明亮的感觉。

03_ 以收纳柜化解格局缺陷

尽管面积只有 46m²，设计师通过缜密的格局规划，让父母与孩子分别拥有独立的空间，同时也构建出了小家庭最基础的生活样貌。两个卧房的规划：设计师运用主卧梁下空间设计了衣柜、床头柜及化妆台，一并解决了建筑结构的疑难问题与功能性需求；儿童房则以双面柜作为隔墙，除了满足玄关与儿童房的收纳功能外，也让空间的使用效率更高，将小面积的空间效益发挥到极致。

Basic Information

屋主：洪小姐　　面积：46m²
家庭成员：夫妻 +1 个小孩
说赞好设计：柜体设计

收纳赞

图片提供© 筑悦空间设计

01. 善用横梁规划收纳空间：设计师考量到主卧床铺摆放位置以及原有空间结构问题，在窗户的梁下规划床头收纳柜与化妆台，一并解决了收纳需求与床头 压梁的风水问题。

图片提供© 筑悦空间设计

02. 收纳柜的高使用效率方案：儿童房的位置与玄关相邻，设计师将原有的隔墙拆除，改以柜体替代墙面，这样的设计不仅能争取不同空间的收纳功能，也能优化使用空间。

图片提供 ©筑悦空间设计

03

开放式设计让空间感最大化：设计师利用电视墙作为客厅与厨房的隔墙，并于墙面侧边嵌入餐桌，开放式的餐厅设计让空间更为开放、宽敞。

图片提供 ©筑悦空间设计

04_是走廊也是餐厅，还是展示收纳区

从事教育工作的李小姐买下 50m² 的小户型，把妈妈接来同住。由于妈妈习惯自己做饭，厨房、餐厅是必不可少的。因为工作关系，李小姐拥有很多书籍，可是室内空间有限，如何满足李小姐的收纳需求呢？设计师对空间进行功能整合，让空间功能多样化，充分利用空间，完全满足了李小姐和妈妈的需求。

Basic Information

屋主：李小姐　　面积：50m²
家庭成员：母女
说赞好设计：走廊

功能赞

图片提供 © 维度空间设计

01. 走廊变餐厅：从客厅到厨房的长走廊，既摆不了家具，又浪费空间。设计师索性将走廊扩大，退缩了卧房的隔间墙，于是，加宽的走廊就成了餐厅。

图片提供 © 维度空间设计

02.

收纳兼具展示功能的墙面：在加宽的走廊中还可以充分地利用墙面进行收纳与展示，设计师利用墙面规划了展示收纳柜，用来收纳李小姐的书籍及收藏品，完全不浪费空间。

03.

使用移动餐桌，客人再多也不怕：由于只有李小姐和妈妈同住，平时可以将餐桌靠墙，让出通道。若有客人，就拉出餐桌，再多朋友来家里吃饭也不是问题。

图片提供 © 维度空间设计

图片提供 © 维度空间设计

04.

走廊末端的空间也要好好利用：除了把走廊变成餐厅，利用墙面做展示柜外，设计师还在走廊末端设计了书柜，每寸空间都得以充分利用。

05_收纳柜兼具隔断功能

颜先生与颜太太居住在 33m^2 的小房子里，在享有简约、自然的生活态度的同时，希望拥有实用的家居功能。设计师特别以白色、原木色布置空间，利用落地窗的采光优势，让空间更显舒适、清透；运用挑高的格局，让收纳柜体兼具隔断功能，搭配一架移动式的爬梯，让屋主可以眺望户外的宜人风景。

Basic Information

屋主：颜先生　　　面积：33m^2
家庭成员：夫妻
说赞好设计：柜体设计

01.　设计一架移动式爬梯：在有限的、挑高的空间里，设计师利用爬梯设计，让屋主随时可在柜体上方享受惬意的午后时光。

功能
赞

图片提供 © 相即设计

图片提供 © 馥阁设计

02.

餐厅、厨房区域被自然划分：收纳柜拥有隔断功能，可以让餐厅、厨房区域分明。柜体没有置顶，并搭配升降餐桌，灵活的设计让空间更显自然，富有弹性。

图片提供 © 馥阁设计

03.

让自然生命力随窗引入：用白色与木纹色装饰简约、干净的卫浴空间，阳台外的一隅风景，与空间里的绿意植栽相互呼应，内外皆景。

06_猫咪也爱的多功能个性窝

为了解决现代住宅面积小、居住者需求多的困境，设计师创造了一套"功能复合、空间重叠运用"的概念。在这个案例里，客厅沙发后是中岛衔接长餐桌形成的功能轴线，就空间属性来看，这样的设计同时具备了隔断、料理、用餐、阅读、收纳等多重功能，几乎除了睡觉外的所有居家活动，都可以在这里进行。

Basic Information

屋主：Roger　　面积：66m²

家庭成员：2 人 + 1 只猫

说赞好设计：客厅、餐厅、猫别墅

图片提供 © 虫点子创意设计 X 室内设计

01 利用中岛餐桌划分客厅与餐厨：设计师把将近九成的生活功能整合于此——靠近阳台的白色高柜、特制中岛和木质长桌。它们形成的轴线也是划分客厅与餐厨两个区域的软性介质。

图片提供 © 虫点子创意设计 X 室内设计

收纳
赞

图片提供 © 虫点子创意设计 X 室内设计

02.

仿立柱的高柜可以界定内外空间：这个仿立柱的白色高柜兼具收纳与分隔空间的功能，左侧延伸的木质台面除了作为穿鞋椅外，也是展示平台，可以吸引人们的视线，让其视线穿过高柜两侧向后延伸。

03.

手作猫屋好精致：设计师在公共空间一角结合清新木质与精湛的手作工艺，为屋主的爱猫精心打造了一座大型猫咪专用别墅，奠定了与喵星人亲密的同居模式。

图片提供 © 虫点子创意设计 X 室内设计

04.

床边小柜内藏玄机：一般情况下，床边会摆设床边柜，然而设计师在床边柜处设计了延伸的台面，可用来梳妆或阅读，同时还设计了多个暗柜、抽屉，可供小物收纳。

Point 04 利用多层设计加大空间

01_ 整合楼梯动线，增大收纳空间

虽然平日仅有姐妹俩同住，但她们希望可以设计出三房，让长辈探视时居住。设计师利用复合式夹层屋的格局，将层高4.2m的空间重新规划，二楼为卧房，一楼则作为客厅、餐厅与老人房，并利用格局与多功能柜体，形成一墙多用，以或包覆，或结合的形式巧妙配置柜体，将梁柱处的畸零区全都利用起来，电视墙的设备柜后方就是老人房的衣柜，平时也可以储藏姐妹俩的杂物。

Basic Information

屋主：陈小姐　　面积：69m²
家庭成员：姊妹
说赞好设计：楼梯

01. 利用温润材质提升空间温度：将挑高3m的区域规划为客厅，保留单向采光，也尽可能地选用简单洁净的温润材质提升空间温度，创造自然清新的空间氛围。

图片提供 © 耀昀创意设计

图片提供 © 耀昀创意设计

02. 30cm深的柜体轻松收纳鞋物：为了解决收纳问题，设计师在入户门右手边设置了柜体，不仅能放置钥匙和鞋子，高低错落的造型也增加了视觉上的聚焦点。

动线赞

图片提供 © 耀昀创意设计

03 分段运用的灵活柜设计：
借由大梁的高低差划分前
后空间，再利用楼梯的采
光处以界定左右空间，形
成客厅电视墙与橱柜区，
电视墙的后方则是老人房
的衣柜。

图片提供 © 耀昀创意设计

04 以温暖材质打造清新北欧风：一字型
的开放式客厅，以色调轻浅的超耐磨木
地板、 文化石与软装饰的跳色搭配，
放大了空间，创造了宽敞的视野。

05 以木质基调增添空间暖度：卧房被
规划于二楼，沿着窗边整合书桌与
其他的收纳空间，并利用木质色调
让空间呈现温暖舒适的氛围。

图片提供 © 耀昀创意设计

02_利用多功能木质家具满足单身族的自在生活

单身的屋主 Shawn 有一只猫，他平时下班回到家除了看电视、上网之外，还有骑自行车、摄影等爱好。面对空间过小、预算受限的制约因素，设计师舍弃制式墙面隔断，而是利用大型木质家具，采取分区不隔断的概念界定区域，以满足屋主的生活需求。设计师将原先的两房拆除后，利用明亮的采光与环状动线，在大型木质家具中，融入沙发、阅读工作区与睡眠空间，让屋主享受到生活的舒适感。

Basic Information

屋主：Shawn　　面积：46m²
家庭成员：1 人 + 1 只猫
说赞好设计：木质家具

空间
赞

图片提供 © 郑士杰设计

01. 重整格局，让公共空间十分明亮：将空间视为一个整体，以木质家具为中心并赋予其多种功能，就像一把瑞士刀展开后拥有多种功能，而生活动线也围绕着这些木质家具展开。

图片提供 © 郑士杰设计

02.

白色与木质家具的质感让空间明亮利落：为了呈现简约明亮的整体空间，拆除了公共空间的隔墙，空间放大，运用白色，以中间的深色木家具为主色调，让空间感更显利落。

功能赞

图片提供 © 郑士杰设计

图片提供 © 郑士杰设计

03.

在沙发背后增设书柜收纳藏书：木质家具处除了沙发外，后方还有让屋主工作阅读的角落，利用沙发背的高度加入书柜，解决了屋主的收纳问题。

04.

隐藏衣柜，充分利用木质家具：阅读区的隔壁即寝居区域，在此处设计师融入了衣柜设计，充分利用了木质家具的各处空间。

03_ 微幅调整，让小空间拥有多种功能

因狭长、不规则的屋型，以及格局设计不良的缘由，导致 51m² 的空间动线混乱。设计师将厨房区域从卫生间门口移至客厅的角落，紧邻主卧，扩大了原卫生间的空间，并将其改为干湿分离的二进式大卫生间，辅以玻璃拉门串联邻近的书房，形成完整的空间；改造后的厨房则以小 L 型橱柜布局形式强化使用功能，并利用窗景、兼具座椅功能的卧榻，结合造型餐桌，让餐厅功能多元化。

Basic Information

屋主：Apple　　面积：51m²

家庭成员：1 人

说赞好设计：卧榻、书房

功能赞

图片提供 © 杳逸空间设计

01. 兼具卧榻及沙发功能的餐椅：餐椅及由铁件组成的造型餐桌，让开放式餐厅与客厅紧密相连，充分利用了空间，体现出设计感。

02

以沙发界定客厅、餐厅：将客厅的部分空间划给主卧，用三人沙发界定空间，虽是狭长不规则格局，但窗边采光充足、空间开放，从而放大了小户型的空间感。

04

以玻璃作为隔断延伸空间感：保持主卧的位置不变，将隔墙往客厅延伸，扩大空间，局部采用玻璃隔断维持通透感。设计师把从主卧进入后阳台的过道规划为小型更衣室。

03

打造干湿分离的卫生间：将厨房的位置改变后，使其连接卫生间，并将卫生间的空间扩大，辅以玻璃隔断及玻璃拉门分隔洗手台、马桶、浴缸和淋浴区，形成干湿分离的卫生间。

04_ 以阁楼概念整合空间

为了在有限的空间内，完整而有逻辑地规划所有的生活动线与收纳功能，设计师以出入动线为分割轴心，将空间划分为公共、私人空间，其中，私人空间的部分功能设计满足了女屋主的大量衣物收纳的需求。结合屋主身形、楼高限制及空间大小等因素，摆脱平面空间限制，在设计方案中引入阁楼概念，将床架高于空间上方，下方则作为更衣室及储藏间，空间的叠加设计既能保留完整的功能，同时也能释放出更充足的公共空间。

Basic Information

屋主：张小姐　　面积：30m²
家庭成员：1 人
说赞好设计：卧房

空间赞

图片提供◎成舍室内空间研究室

01. 架高卧铺，创造更衣、储藏空间：考虑到屋主的身形与楼高限制，设计师在卧房区域导入阁楼概念，将床架高于空间上方，并将下方作为更衣室及储藏间。

图片提供 © 谧空间研究室

02. 内嵌式设计让空间立面更简洁：为了让垂直的复合式空间更加利落，卧铺采用下凹的内嵌式设计，让床的立面边线得以隐藏，整体效果更加干净简洁。

图片提供 © 谧空间研究室

03. 功能叠加，释放更多空间：设计师在有限的空间内，通过垂直空间，将私人空间的功能相互叠加，释放出更充足的公共空间。

05_功能隐藏于无形，让小空间更实用

平时只有屋主一人居住，因此室内采取全开放式格局设计，让屋主居住起来更为舒适，也便于兄弟姐妹前来家中聚会。在收纳方面，除了设计大容量置物柜外，也融入多元化功能。比如壁炉电视墙下方是放置 3C 产品的柜体，在书柜中段加入掀板，亦能提供写字的功能。

Basic Information

屋主：Cindy　　面积：50m²
家庭成员：1 人
说赞好设计：柜体、客厅、书房

功能赞

图片提供 © 摩登雅舍室内设计

01 隐形收纳容量超乎想象：利用 4 扇同款的木作线门板，让柜门与隔板连成一体，从而隐藏其后的杂物柜和小型更衣室；沙发和床铺下方亦具有收纳功能，便于收纳大量物品，将收纳柜藏于无形。

图片提供 © 摩登雅舍室内设计

02

仿壁炉电视墙隐藏多种功能：
设计师利用美式壁炉概念设计
电视墙，将其下方设计成柜体
形式，以收纳重要的3C产品；
设计师在另一旁的书柜中段加
入了掀板式书桌，兼顾了实用
功能与设计美感。

图片提供 © 摩登雅舍室内设计

03

拆除一房，打造更为舒适的生活环境：采取全开放式
设计，以圆弧天花和格栅线条共同装饰顶部空间，大
幅度缓解了大梁给人造成的视觉压迫感，亦增添了造
型方面的变化。

图片提供 © 摩登雅舍室内设计

04

卫生间的功能设计也很精彩：卫生间的
墙面以四色马赛克砖拼贴而成，创造出
类似于国外教堂的彩绘玻璃装饰的效
果；而马桶前方特别加设了可收放的小
桌，便于阅读。

06_ 人见人爱的时尚小城堡

挑高户型一向很受消费者喜爱，除了可以享受仰望的快感，充足的纵向高度也能扩充可用的室内面积，为居住者创造更丰富的空间。以这个实际占地才 40m² 的小户型为例，设计师重新规划了室内夹层的面积与形式，在动线上进行了全面的精简与流畅的设计，在有限的空间内，设计出宽敞的三室两厅。

Basic Information

屋主：Alan　面积：40m²
家庭成员：夫妻
说赞好设计：动线

01

重点色让空间更显立体：餐厅兼书房处的一面墙被刷上冷静又有活力的蓝色，不仅在视觉上有层次感，也增添了风格张力的积极意义。

图片提供 © 虫点子创意设计 X 室内设计

图片提供 © 虫点子创意设计 X 室内设计

功能赞

02

楼梯首阶也是坐榻：线条极简的室内楼梯让人赏心悦目，设计师将电视半墙与刻意加大面积的楼梯首阶进行整合设计，除了行走便利外，也能当做展示区或坐榻。

图片提供 © 虫点子创意设计 X 室内设计

03. 分层划定公共、私人空间：楼下被规划为客厅、厨房、餐厅兼书房等公共空间，完全贴合屋主夫妻的生活形态，楼上则被安排为玻璃隔断的主卧，并搭配卷帘。

图片提供 © 虫点子创意设计 X 室内设计

04. 一房变两房，空间具有弹性：上层空间中的主卧靠内，利用柔软的遮光布幔分隔主卧与更衣室，平时敞开遮光布幔可让视线自由舒展，必要时拉上布幔则将主卧还原成独立的空间。

PART 3

面积小也能有空旷感！
房子变大又变宽

有时为了让小户型超值好用，而设计过多的隔间，比如在 53m² 的空间中隔出两房，使原本就不大的空间变得更为零碎，不仅遮住了阳光，住起来也不舒适。不如适当拆除隔间，释放空间的同时将空间合并使用，以维持空间的完整性。建议将室内空间分成公共区和私密区进行设计思考，适度运用隔断遮蔽卧寝私密区，将公共区的功能进行整合设计，让动线顺畅、空间分明。

POINT 01 不只空间变大，隐私性也能得到很好的保障！

POINT 02 一房变两房，空间更宽敞！

POINT 03 小户型也能拥有豪宅设施，空间感还不打折扣！

POINT 04 一层变两层，不但没有压迫感，空间还变大！

Point 01
不只空间变大，
隐私性也能得到很好的保障！

01_ 利用斜面划分公共、私人空间，老屋变身北欧清爽宅

屋主 Steven 希望改造这间 30 年的阴暗老屋，让其公共、私人空间分明，动线流畅。设计师运用斜角隔墙，规划出公共空间与私人空间的动线，并拆去 L 型的较小房间，从次卧门口至客厅拉出一面斜角隔墙，使公共空间更开阔，并以隐形门的形式结合主卧和卫生间的门，让靠墙的餐厅区更加安静，不再受复杂的房门口环境的影响。卫生间墙面和斜角墙面之间形成的梯形空间，被设计为餐厅区的开放式柜体及主卧内的储藏间。这种设计让老屋焕然一新。

Basic Information

屋主：Steven 面积：68m²
家庭成员：2 人
说赞好设计：斜角隔墙

01. 对称柱体搭配低矮电视柜，拉高了天花板的视觉效果；靠近前阳台的对称柱体成为设计电视墙的最佳位置，以低矮电视柜、咖啡色墙面和柱体与白色空间作对比，让 2.2cm 的天花板看起来更高。

图片提供 © 采光室内装修设计有限公司

图片提供 © 禾光室内装修设计有限公司

02. 利用单一材质创造空间清爽感：餐厅区的开放式柜体的整体色系与材质让整个餐厅区域更显清爽。

功能赞

图片提供 © 禾光室内装修设计有限公司

 03. 利用柱面延伸吧台，让厨房空间更有弹性：在柱体位置增设中岛吧台，让厨房和多功能区域相结合，若要隔离油烟，拉上轻质折门即可。

04.

让马桶的朝向不对床，利用梁柱加大卫生间使用空间：主卧卫生间因梁柱的阻碍，让空间狭小难用，亦有马桶对床的问题，衡量之下便将马桶转向，并改为推拉门以节省空间，使卫生间的功能更完备。

图片提供 © 禾光室内装修设计有限公司

02_ 利用家具设计创造多种功能与开阔的视觉效果

目前房屋格局已符合屋主需求,不需要再大动格局,因此设计师以家具当做隔间墙,比如在餐厅区域以简单的倒 L 型桌面搭配高脚椅,营造出舒适的用餐空间。另外,从玄关处延伸至室内的柜体,如从鞋柜到餐边柜,以书柜连接书桌,借由柜体的配置与设计,创造出不同的功能空间,同时也让客厅有了一隅开放式书房。

Basic Information

屋主:罗先生　　面积:53m²

家庭成员:1 人

说赞好设计:开放书房、卧房

空间
赞

01.

柜体设计丰富了空间功能:从玄关处沿着立面设计的柜体,借由不同比例的配置与设计,为居住者提供摆放收藏物件的空间,并具有展示功能,同时也让玄关与客厅的空间更具延续性。

图片提供 © 禾光室内装修设计有限公司

图片提供 © 禾光室内装修设计有限公司

02. 利用书柜接合书桌的设计打造开放式书房:设计师运用柜体的形式变化,创造"空间生空间"的效果,利用书柜接合书桌的设计,将书房融入客厅之中。

03.

以吧台式餐桌分隔空间：在餐厅设计中结合吧台概念，以简单的倒 L 型桌面搭配高脚椅、Random Light 的线球吊灯，在居住空间中创造出另一番景象。

图片提供 © 禾光室内装修设计有限公司

图片提供 © 禾光室内装修设计有限公司

04.

以弧型的天花造型创造延伸的视觉效果：卧房借由弧型的天花板设计进行表现，圆弧线条具有延伸的视觉效果，并搭配洗墙灯营造出舒适的休闲氛围，有助于提升睡眠品质。

03_双动线设计让空间更宽敞

屋主希望通过调整格局，让采光更充足，空间感更强。设计师没有考虑多做隔间，而是通过家具的设计及建材的搭配划分空间，让卧房与阅读区融为一体。书柜的设计能够满足书籍收纳量。设计师利用沙发界定了卧室和书房这两个空间。设计师也将卫生间进行了改造，借由过道的融入，让卫生间成为房间的一部分。衣柜除了具有收纳功能外，也是动线的界定线。

Basic Information

屋主：Ann　　面积：40m²
家庭成员：2人
说赞好设计：书房、吧台

01.

利用柜体作隔断，增加收纳空间：由于屋主有收纳藏书的需求，设计师用书柜作为卧房与更衣室的隔断，同时善用书桌下方空间及各空间交界处设计立面书柜，以增加收纳量。

空间赞

图片提供 © 将作空间设计 & 张成一建筑师事务所

图片提供 © 将作空间设计 & 张成一建筑师事务所

02

利用家具及吧台界定空间属性：由于室内空间不大且单面采光，设计师减少固定隔间，利用吧台界定厨房与卧房，再借由家具摆设，让空间属性更为明确。

图片提供 © 将作空间设计 & 张成一建筑师事务所

03. 在玄关角落处增设储藏室：虽然空间有限，但设计师还是利用入户门处的空间规划了鞋柜及衣橱，并用柜体作为隔断，创造出更多的收纳空间，拉门的设计可以节省更多的空间。

04. 利用多种建材营造 Loft 空间：书桌区域的墙面，以文化石凸显空间的视觉焦点。另外，在不同区域分别选用具有反射性的材料、马赛克砖和桧木，借由多样化的建材创造出个性空间。

图片提供 © 将作空间设计 & 张成一建筑师事务所

图片提供 © 将作空间设计 & 张成一建筑师事务所

05. 调整卫生间位置，设计出双动线：调整原卫生间位置，让其连接收纳衣橱，并借由双动线设计让卫生间串联室内动线，衣柜正好被安排在界定卫生间与餐厅的部位。

04_利用弹性隔断引入光与风

屋主夫妻在工作区附近购置新屋,期望与两个孩子在此共享天伦之乐。由于未改造前的房子只有单侧采光,通风不良,设计师在尽量不变动格局的原则下,巧妙调整布局,以不及顶的双面柜分隔客厅、厨房,并定制可移动的隔间柜,创造出妙趣横生的生活空间。被刻意缩短的沙发背景墙,与移动式柜体结合,形成环状动线,当柜体移进房内时,即可与客厅、餐厅串联起来形成开放式的公共区,同时可以将光线引进缺乏采光的一侧。

Basic Information

屋主:黄先生　　面积:53m²
家庭成员:2 人
说赞好设计:隔断设计

01. 缩短沙发背景墙,为书房、客厅引入光线:
设计方案中,客厅电视墙的两侧被拆除,
缩减了沙发背景墙面积,使廊道长度缩短,
创造出环状动线,让单侧的光线照进书
房、客房。

图片提供 © 怀特设计

面积小也能有空旷感！房子变大又变宽

POINT 1 不只空间变大，隐私性也能得到很好的保障！

图片提供 © 怀特设计

动线
赞

02. 用电视柜取代隔墙，增加空间的通透感：为了让室内保持良好的采光与通风，设计师大胆地拆除厨房隔墙，利用不到顶且局部通透的电视墙分隔空间，既可界定客厅与厨房，同时也能引入充足的光线。

图片提供 © 怀特设计

03. 移动式柜体，可随时转变为休息区域：设计移动式柜体，可根据不同使用需求进行调整，转变为休憩区或卧榻。巧妙地保留一扇窗，既保留了隐密性，又能拥有良好采光。

05_有条理铺排，不失空间感与秩序感

设计师在入口处设计了小巧玄关，避免一进门就能看见客厅及开放式厨房，接着利用家具界定空间，让空间更有层次感、空间感与秩序感。将原先主卧的墙壁内缩后，与次卧的位置对调，同时把两个房间的入口改为向内相对，不再置于客厅，保留卧房的隐私感。格局调整后则多出了可以摆放餐桌的餐厅，设计师以圆形餐桌活化空间动线，让整体线条感达到平衡。

Basic Information

屋主：Andy　　面积：40m²
家庭成员：3 人
说赞好设计：客厅、餐厅、厨房、卧房

空间赞

01.
隐藏收纳柜，创造简洁空间感：将电视墙的收纳层板改为朝内设计，并且将厕所入口隐藏于白墙中，如此一来，大幅度避免了视觉杂乱。

图片提供 © 摩登雅舍室内设计

图片提供 © 摩登雅舍室内设计

02.
家具分区让小户型格局清晰：为改善进门后格局被看光的情况，设计师运用家具对格局进行规划，如此一来每个小空间都能被界定，同时也不会让人产生压迫感。

03 圆形餐桌活化了空间动线：因主、次卧室位置交换、房门的位置发生了变化，被规划出来的空间得以成为餐厅，设计师特别选用圆形餐桌，活化动线的同时也平衡了空间线条。

04 转向后，空间会有意想不到的变化：主、次卧室被对换了位置后，设计师还将其房门做了 90°转向内的设计，既不会影响使用动线，也兼具隐私性，还多出了放置书桌的空间。

05 利用小巧玄关营造小豪宅氛围：就算空间再小也要设计玄关，一来不会让访客对整个居室一览无余，二来可以起到装饰的作用。设计师利用格栅及间接照明共同打造玄关的效果，展现层次感，营造小豪宅氛围。

06_引光入室让度假小空间变宽敞

屋主 Amy 随先生定居新竹（位于中国台湾西北部），但长居于中国台北的 Amy 还是会常常北上找亲友，为了在中国台北有个休息的空间，于是 Amy 在交通便捷的车站附近买下这 26m² 的挑高小户型，但因为采光不佳且空间有限，即便为挑高户型还是会让人产生压迫感，于是设计师重新调整了布局，并把光线引入室内，让空间不但变大，还利用挑高户型的优势在空间上方增加了卧房，屋主再也不用担心一进门就让访客看见床铺的情况了。

Basic Information

屋主：Amy　　面积：26m²

家庭成员：夫妻

说赞好设计：客厅、厨房、卧房

空间
赞

图片提供 © 采荷设计

01 把卧房设计在楼上：26m² 的空间实在是很难进行分隔，设计师利用挑高的优势，用楼梯将上下空间进行串联，将卧房规划于厨房上方，当客人来访时，屋主也不用担心客人一进门就看见床铺。

图片提供 © 采荷设计

用色彩及材质分隔空间：室内只有 26m² 的空间，很难再对其进行分隔，设计师将楼下规划为客厅、餐厨及卫生间，为了让客厅与餐厨区有所分隔，以彩色马赛克砖装饰餐厨区的墙面，既可区分空间又能营造氛围。

功能赞

图片提供 © 采荷设计

调整浴室门的位置，引光入室，放大空间：设计师为了在室内引入自然光源，更改了原先卫生间门的方向，并采用磨砂玻璃，不但让光线射进来了，空间也变得宽敞了。

图片提供 © 采荷设计

中岛让厨房功能多样化：设计师将原先的简易厨柜置于窗边，并将厨柜延伸为 L 型中岛，中岛下方为电器柜，这种设计使未改造前的简易厨房功能更强大，中岛台面还可作料理台兼餐桌使用。

07_明亮开阔的公共空间

Roy 偏爱简洁、干净的室内空间，希望在空间里融入日式无印良品风格，展现清新、自然的北欧质感。充沛的采光，让室内空间更显宽敞，设计师利用原木质感的地板与家具，营造出一个幸福、温暖的生活空间。

Basic Information

屋主：Roy　　面积：26m²
家庭成员：夫妻 + 2 个小孩
说赞好设计：电视墙

图片提供 © 安德康系统室内设计

01 利用明亮光源营造宽敞空间感：屋内大面积窗户可以将户外的自然光引入室里，加上开放式的布局设计，让视线通透，空间更显明亮、宽敞。

02. 利用展示架摆设富有童趣的物件：电视墙简洁、素净，通过展示架的简约线条、富有童趣的物件，装点出活泼、生动的空间氛围。

03. 北欧风的木纹效果：户外光线恣意照入室内，以白色为主色调的空间更显宽阔、自在，阳光洒在温暖的木质纹理上，很好地表现出北欧风格。

空间赞

04. 低矮台面让视线无碍：沙发后方仅以矮柜塑造书房领域，视线无碍的隔断形式，展现出屋主开放、舒心的生活态度，让光线洒向书房的各个角落。

08_整合柜体让家又大又干净

现代人生活中经常遇见的困扰，不外乎家又小、需要收纳的杂物却很多，所以需要有足够的空间收纳杂物，才能提升生活品质。于是设计师采用多种木色材质，搭配柜体进行整合设计，让家中所有的生活物品都能被收纳整齐，这么一来，虽然室内面积仅有76m²，却显得又大又宽敞！

Basic Information

屋主：吴医生　　面积：76m²
家庭成员：夫妻 + 1 个孩子
说赞好设计：柜体

图片提供 © 虫点子创意设计 X 室内设计

01 美观又实用的柜体设计：设计师将玄关处放鞋用的白色高柜、收纳家中杂物的木质造型柜、摆钥匙的小平台、卧房门、客厅电视背景墙全部整合在一起，不仅整体性强，而且具有多重实用的功能。

收纳赞

图片提供 © 虫点子创意设计 X 室内设计

02 用固定坐榻取代沙发或单椅：由于家里有正要学步的小宝宝，过多的家具摆设反而危险，因此设计师以衔接电视柜的木质坐榻取代单品家具，台面下隐藏着实用的收纳空间。

图片提供 © 虫点子创意设计 X 室内设计

03. 木色系可缓解压力：屋主是外科医生，平时的工作压力很大，设计师以干净的白色与天然的木色为主色调，这样的配色能够缓解压力，也能让空间变得宽敞。

图片提供 © 虫点子创意设计 X 室内设计

04. 拉门就是电视墙：主卧也是重要的收纳区，为了不让电视占用宝贵的空间，设计师特地在衣柜前打造了一面可移动的木质拉门充当电视背景墙，完全不影响衣柜的使用。

图片提供 © 虫点子创意设计 X 室内设计

09_年轻有型的养生住宅

许多人提到"退休"，都会联想到衰老、单调等话题，但对于无数热爱生活的人而言，退休代表着一个新的阶段，可以尽情享受接下来的美丽人生。设计师首先根据夫妻俩各自的作息、喜好分配空间，包括共享的客厅、餐厅、厨房、靠窗明亮的小书房和两间独立卧房，风格上则以清雅自然的现代北欧风为主，整个家显得年轻又有活力！

Basic Information

屋主：Tim　　面积：66m²
家庭成员：夫妻
说赞好设计：空间

功能
赞

图片提供 © 虫点子创意设计 X 室内设计

01. 造型墙面利用木质材料进行整合设计：沙发背景墙完全使用木质材料，左侧部分刻意不做满的留白设计，让视觉效果相对清爽，如果不仔细看，很难发现其中隐藏着主卧房门。

空间
赞

图片提供 © 虫点子创意设计 X 室内设计

02.

具有律动感的玄关：屋主闲暇时喜欢骑自行车，因此设计师除了在玄关两侧装置灰镜以增加视觉延展性外，还利用了金属立柱收纳自行车，让空间洋溢着时尚的运动感。

03.

利用线条延伸视觉高度：顺应屋高的优势，在天花板最高点以黑色线条辅助视觉延展。从灰阶电视墙上缘与厨房端拉出一截木质层板，一来将房屋高度分段，更显空间感，二来可将其当作书架或展示架。

图片提供 © 虫点子创意设计 X 室内设计

04.

光线充足的书房：空间能给予人们舒适感与安全感，在这间拥有落地窗的迷你书房中，两人并肩坐着喝喝茶、唠唠家常就是一件幸福的事情！

图片提供 © 虫点子创意设计 X 室内设计

一房变两房，
空间更宽敞！

01_ 利用垂直高度加大空间，让孩子快乐成长

只有 36m² 的挑高住宅，要供一对夫妻与两名学龄前的孩子居住。在设计上，不仅要满足夫妻俩在家工作的需求，又要兼顾小朋友活动及家长照顾的便利性，设计师在格局构想方面，除了充分利用水平面的空间外，在挑高 3.6m 的垂直空间上也有所思考。设计师以儿童房为核心，并将夹层安置于中间部位并开窗，以引入更多光线，也便于通风。同时建构出多面向的环绕、自由动线。在主卧与餐厅、工作室之间，以帷幕表现公共空间最佳的开放性。

Basic Information

屋主：Allen 面积：36m²
家庭成员：夫妻 + 2 个孩子
说赞好设计：儿童房

01. 餐桌也是工作桌：一楼的餐桌，不仅是全家人用餐的地方，同时也能满足屋主在家边工作边陪伴孩子的心愿。

图片提供©KC design Studio 均汉设计

功能
赞

图片提供©KC design Studio 均汉设计

02. 用布帘代替隔墙可以放大空间感：夫妻俩的卧房被规划在上层，在走廊旁和窗户边，可以拿取书柜顶部的书籍，同时可以通过布帘自由调整空间的布局。

03. 利用创意开口引入光线，孩子玩变更开心：在夹层游戏室的墙面开口，不仅能引光入室，小孩也可以经由床铺攀爬玩耍，而屋主在夹层也可随时看顾小孩。

图片提供©KC design Studio 均汉设计

动线
赞

图片提供©KC design Studio 均汉设计

04. 空间开放，大人、小孩互动无距离：主卧、儿童房、卫生间位于同一个区域，彼此呈开放关系，动线以儿童房为中心进行环绕，增加了活动的便利性与趣味性，让一家人的关系更为紧密。

02_ 在客厅中增设小书房

陈妈妈为早早离家在外教书的女儿买下了这套 50m² 的小户型，希望余生能多跟女儿在一起。虽然陈妈妈多数时间都在老家，但来到市区后就要跟女儿一起住，而房子很小，规划两间卧房已经很勉强，女儿又需要独立的书房，于是设计师将卧房略微缩小，扩大了公共空间的范围，满足了女儿的需求。

Basic Information

屋主：陈妈妈　　面积：50m²
家庭成员：母女
说赞好设计：客厅

空间
赞

图片提供 © 维度空间设计

01. 扩大客厅，增设书房：考量到陈妈妈只是偶尔来同住，不需要太大的卧房，设计师将卧房隔墙进行退缩设计，让出部分空间作为书房，并以开放式的设计形式连接餐厅。

02. 利用家具分隔空间：将卧室让出的部分空间规划为书房，为了不影响空间感，设计师以书桌与沙发作为区域划分的界定，复合式设计能够满足多种功能。

03. 利用玄关处的置物柜进行收纳：为了不让访客一进门就看尽室内空间，同时也能避免风水禁忌，设计师在玄关处设计了置物柜，让收纳功能更强大。

04. 能够节省空间的书柜：运用书柜作为书房与卧房的隔断，设计师特意不用书柜门板，从而减少了书柜所占用的空间。

03_ 一分为二，在厨房中增设小酒吧

单身的林先生买下这间三室的房子，就是为了将来与心爱的女朋友共组家庭。平日里喜欢上小酒吧小酌的他，特别要求设计师为新家设计一个小吧台，设计师在有限的空间里，将厨房设计为开放式格局，利用一房变两房的设计形式完成了他的梦想。

Basic Information

屋主：林先生　　面积：83㎡

家庭成员：1 人

说赞好设计：厨房

空间赞

没有压迫感的开放式吧台：为了不让吧台看起来有压迫感，同时也能达到节省预算的目的，设计师将吧台设计为全开放式的格局，酒柜及吧台都以开放式层架收纳物品。

图片提供 © 维度空间设计

图片提供 © 维度空间设计

"一分为二"设计出储藏室及酒吧：为了实现林先生在家也能拥有小酒吧的愿望，设计师将紧临厨房的房间拆除，设计为酒吧及储藏室，并将烤箱嵌进吧台。

图片提供 © 维度空间设计

 更具功能性的开放式厨房：未改造前的厨房为狭长型空间，并不宽敞，设计师索性将厨房的隔墙拆除，将其布局形式延伸至玄关处，让原本无用的过渡空间可以摆下冰箱，更具功能性。

图片提供 © 维度空间设计

延伸空间感，小宅变大宅：从厨房到吧台都采用了开放式设计，并串连同样开放的客厅及餐厅。开阔的空间感，让来访的客人以为这是大户型住宅。

04_ 活用空间，把过道变书房

徐先生买下这套位于市中心 46m² 的挑高小户型后，通过朋友介绍竟然找到了之前设计这套房子的设计师，并让其根据目前的设计需求重新设计。虽然是同一个房子，但因以前的屋主是一个人居住而现在是四口人居住，设计师将格局作了大幅度的调整，将房子规划为三室两厅，同时将过道设计为开放式书房，让空间得以完全利用！

Basic Information

屋主：徐先生　　面积：46m²
家庭成员：夫妻 + 子女
说赞好设计：过道

图片提供 © 装潢便利通

01. 将客厅角落设计为书房：将空间布局重新设计后，客厅角落出现了零散空间。设计师将通往主卧及厨房的过道规划为供全家人共用的书房，充分将零散角落利用起来。

图片提供 © 装潢便利通

02

通过玻璃推拉门延伸空间感：将过道规划为共用书房后，设计师利用玻璃推拉门分隔厨房及客厅，让单面采光延伸至室内，同时放大了空间感。

图片提供 © 装潢便利通

03

使用推拉门更省空间：过道的另一边可以通往主卧，选用推拉门可以减少门活动时所占用的空间，同时也可以利用卧房门口的空间设计书柜，充分利用空间。

图片提供 © 装潢便利通

04

利用零散空间规划更衣室：除了利用过道规划书房外，主卧的零散空间也可用来作为更衣室，设计师充分利用了每个无用的角落。

05_ 利用两道墙设计吧台及大更衣室

新婚不久的林先生买下的这套已有 20 年居住年限的 76m² 的老屋，有着阳台太大、厨房太小及主卧没有足够的收纳空间等问题。老屋装修本来就需要较高的装修费用，若大动格局则会超出装修预算。擅长格局重整的设计师以"少动格局"为设计出发点，不仅解决了格局问题，更重要的是空间也变得更开阔了。

Basic Information

屋主：林先生　　面积：76m²
家庭成员：夫妻 + 子女
说赞好设计：客厅、餐厅、卧房

01. 吧台与开放式厨房相连，延伸出空间感：将部分阳台的空间划给厨房，厨房变得更加宽敞了。设计师以吧台连接开放式厨房及餐厅，让小空间变大不少。

空间赞

图片提供 © 装潢便利通

02.

利用阳台放大厨房空间：未改造前的阳台空间太大，设计师将厨房与阳台之间的隔墙拆除，缩小了阳台的使用空间，同时也放大了厨房空间，让原本狭小的厨房变得更为宽敞。

图片提供 © 装潢便利通

图片提供 © 装潢便利通

03.

在主卧增设更衣室：未改造前的主卧只摆得下单面衣橱，设计师将主卧与客房的隔墙拆除，在书房与主卧之间增设了大更衣室。

用座榻代替餐椅增加收纳空间：餐厅的吧台处收纳容量小，因此，设计师特别设计了座榻式收纳柜，既可代替餐椅，又可作为收纳柜使用，一举两得。

图片提供 © 装潢便利通

06_开放式空间让视觉无碍

身为上班族的陈先生夫妇，喜爱简单、无拘束的生活氛围。由于女屋主希望拥有不受椅子限制的休憩区，设计师建议在沙发后方铺设榻榻米，作为书房或是日常休闲的场所。厨房入口处玻璃推门的开启方式为向内收拢，则有足够的空间用来摆设餐桌，使整体居家空间更加合理、舒适。

Basic Information

屋主：陈先生　　面积：66m²
家庭成员：夫妻
说赞好设计：书房

功能赞

图片提供 ⓒ 室觉空间创作

01. 日式书房兼具多种功能：在沙发后方铺设榻榻米，搭配低矮茶几，营造惬意的日式书房。可以直接在榻榻米上席地而坐，所以又能将其作为日常的休闲之所。

图片提供 © 室觉空间创作

02 利用地面高度区分主、次空间：客厅与书房的木地板被架高，与廊道及其他区域的地面形成高度差，无形中简化了物件的繁杂，拉出了明确的动线。

图片提供 © 室觉空间创作

03 虚、实柜体让空间显灵活：设计师在玄关处打造了一排鞋柜，一直延伸至电视墙。利用虚实相间的门板造型，并结合绿意植栽的点缀，呈现活泼的视觉感受。

图片提供 © 室觉空间创作

04 公共空间被划分为两个功能区域：在宽敞、开放的公共空间里，顺着天花板上的梁柱结构，以沙发为界线，分隔出客厅与书房，创造惬意的生活空间。

Point 03 小户型也能拥有豪宅设施，空间感还不打折扣！

01_ 利用挑高优势创造多功能的小豪宅

虽然只有 Michelle 一人居住，但她期望 23m² 的空间能被有效利用。客厅挑高 3.6m，为了减轻压迫感，上层空间以左右侧作为受力承重墙，并借由错层结构设计争取上下楼时都能站立行走。客厅处不及顶的柜体使用了虚实设计的方法，让墙面空间被充分利用且不失美感。在靠近楼梯处梁的下方，用悬空的收纳柜作为梳妆台，并增设书桌以丰富多功能空间。

Basic Information

屋主：Michelle 面积：23m²
家庭成员：1 人
说赞好设计：格局

空间赞

01.
利用错层手法增设书房空间：位于卧铺下方的书房有一处因上层走道而形成的置物木柜，可作为书架。楼梯处由于没有隔断，能够保持上下空间的通透感。

图片提供 © 齐禾设计

02. 轻化上层空间：在夹层板侧面的胡桐木中嵌入明镜及玻璃以降低压迫感，让空间变得更通透。两扇采光窗之间原有一凹槽结构，加装门板后被改造为高立柜，增加了收纳空间。

收纳赞

图片提供 © 齐禾设计

03. 楼梯侧面的梳妆展示台：梁下 30cm 处设计两大一小的扁长型收纳柜，既可增加收纳空间又能丰富墙面造型，由于楼梯口没有围栏，梳妆打扮时也不会让人感到局促。

图片提供 © 齐禾设计

04. 高低差让夹层空间更好用：利用三段不同的高低差来分隔区域，争取站立空间。玻璃小门除可通风外也能保持空间的通透感。旋转衣架则是更衣间的一大亮点。

02_贵族风小空间，一个人住超舒适！

40m² 的屋子到底是什么概念？如果没有经过专业规划，说不定摆张床、放个衣柜就差不多满了，哪里还敢请亲朋好友上门坐坐？但是这套 40m² 的房子的居家功能一应俱全，设计师甚至还为单身屋主 Tony 设计了一个一人高的专业恒温红酒柜。试着想象一下耳边飘送着蓝调音乐，手上的美酒醇香扑鼻，这该多么让人心旷神怡！

Basic Information

屋主：Tony　　面积：40m²
家庭成员：1 人
说赞好设计：功能

01.

折叠桌板使用起来十分方便：小面积住宅的空间容不得丝毫浪费，单身屋主 Tony 为"外食族"，设计师在流理台边加装了一块可折叠的实木桌板，用其取代餐桌，桌板轻巧且不占空间。

图片提供 © 虫点子创意设计 X 室内设计

功能
赞

图片提供 © 虫点子创意设计 X 室内设计

图片提供 © 虫点子创意设计 X 室内设计

02 功能齐全的万能厨房：所有居家会用到的家用电器，差不多都被整合在厨房了，包括完善的厨用设备、冰箱、红酒柜，连洗脱烘三用的洗衣机都被设计于整体橱柜中！

03 连续面整合：许多空间会让人具有压迫感的原因在于格局零散，因此设计师将橱柜相关电器与相邻房门进行整合设计，平时只要将房门关上，整体看起来就很清爽。

图片提供 © 虫点子创意设计 X 室内设计

04 窗景贵宾席：设计师将客厅靠窗的区域规划成舒适的卧榻，其纵深比一张单人床还充裕，坐卧皆宜。在此除了可以远眺景观外，有客留宿时，睡在这里观月赏星也是个不错的选择。

03_轻奢的生活尺度, 家有欧洲小酒馆!

屋主喜欢法式风格的典雅,却又迷恋具有工业风格的元素。热爱品酒、美食的夫妻俩除了要求以客厅作为主要的娱乐活动空间,也要求餐厅和厨房风格明显、功能完善。设计师结合餐桌设计了L型橱柜,定制了具有欧式风格的桌脚与桌面进行搭配,再配以金属元素的吊灯、优雅气派的高脚椅,一间欧洲小酒馆就诞生了!

Basic Information

屋主:尹先生、尹太太　面积:76m²
家庭成员:夫妻
说赞好设计:厨房设计

01. 让客厅与餐厨零距离:公共空间采用无隔间设计,借由灯具和长桌作为分界线,地面选用仿水泥的地砖,打造出具有现代感的餐厨区域。

功能赞

图片提供 © 尔声空间设计

图片提供 © 尔声空间设计

02 每一处空间都极具功能性：餐桌台面采用类似水泥材质的意大利薄砖，右侧高柜将收纳柜与电器柜合二为一，冰箱置于餐桌对面，厨房中规划有兼做料理台的橱柜。

图片提供 © 尔声空间设计

03 餐厅、厨房中，吊柜、酒柜齐全：3m 长的餐桌结合一字型橱柜，转角处设置镂空吊柜，在吊柜下方合理地纳入红酒柜，从外侧开启门板不会影响动线。

图片提供 © 尔声空间设计

04 用"爱迪生灯泡"点亮酒馆醉时光：餐厅端景墙处挂了一整排"爱迪生灯泡"，并采用可以手写的黑板墙，塑造出浪漫欧式小酒馆的情境，特别适合夜里的片刻微醺。

Point 04

一层变两层，
不但没有压迫感，空间还变大！

01_ 小房子也能有大餐厅及更衣室

Tina 工作多年后终于拥有了自己的第一间房子，她对房子的设计充满了期待。虽然室内面积只有 26m²，但因为是挑高户型，她希望设计师能将这间小房子的空间充分利用，设计出让她满意的大餐厅及更衣室。

Basic Information

屋主：Tina 面积：26m²
家庭成员：1 人
说赞好设计：餐厅、卧房

空间赞

01.
局部挑高的小房子也能拥有大餐厅：运用挑高户型的优势，设计师将挑高空间设计在 Tina 最在意的餐厅，使原本狭小的空间变得开阔，让人完全看不出这是仅有 26.4m² 住宅的餐厅。

图片提供 © 采荷设计

收纳
赞

图片提供 © 采荷设计

02 多功能餐椅下方为收纳空间：设计师除了在餐厅设计挑高空间，还沿窗规划了具有收纳功能的木作餐椅。

图片提供 © 采荷设计

03 充分利用空间进行收纳：楼梯是连接楼上卧房的通道，但同时比较占用空间，于是设计师在楼梯台阶处设计了抽屉，充分利用空间进行收纳。

图片提供 © 采荷设计

04 利用错层设计创造更衣室：虽然层高只有 3.6m，设计师善用错层设计，将卧房规划在楼上，同时利用挑高，在有限的卧房空间内规划出更衣室及卧榻，卧榻可作为临时的客房。

02_46m² 的挑高户型住进四口之家

一般情况下，46m² 的住宅只有一个卧室，顶多两个，而这个四口之家最少需要三个卧室。虽然是挑高户型，但层高只有 3.6m，设计师必须利用错层设计来满足屋主的需求。徐先生邀请先前设计这个屋子的设计师对其进行改造，设计师果然不负所望，不只 设计出三间卧室，还创造出了储藏室及共用书房！

Basic Information

屋主：徐先生　　面积：46m²
家庭成员：夫妻＋子女
说赞好设计：儿童房

01. 改变轴心让空间最大化：由于楼梯比较占用空间，设计师将楼梯规划于角落，改变轴心，将电视柜嵌至楼梯下方，让空间更显开阔。

图片提供 © 装潢便利通

利用错层设计提升空间功能：儿童房被规划于厨房及玄关上方，通过错层设计，将儿童房的收纳柜设计为矮柜，尽量将空间划给楼下厨房。

利用高低差设计满足不同区域的功能：虽是挑高户型，但只有 3.6m 的层高，无法将空间进行分层，需依据功能来配置空间，设计师运用错层设计，将玄关鞋柜设计为矮柜，规划出较高空间给上层儿童房使用。

利用通铺式设计可以节省空间：在 3.6m 的层高中，扣除一般情况下的使用高度——约 1.8m，活动空间还是会让人具有压迫感。因此在上层卧房中使用通铺式设计，通过降低床的高度释放空间。

03_用小房子创造出大空间

这个新家只有 40m²，除了具有基本的客厅、餐厅、厨房外，屋主还希望拥有一间建身房及一间可作为临时客房的书房，日后还将将书房改造为儿童房。这基本上是需要设计师创造出不低于 100m² 的使用空间。将地面的抛光砖去除后层高达到 3.95m，设计师又利用天花板的高低落差设计出三层楼的格局，动线合理，行走时不必弯腰。

Basic Information

屋主：吴先生　　面积：40m²

家庭成员：夫妻

说赞好设计：格局

01.

利用中空玄关柜展示收藏品；利用空间的高低落差创造三段式格局，与玄关相邻的是二楼餐厅，下楼后才能到达客厅。玄关与客厅之间的中空柜体让书房也能拥有充足的采光。

图片提供©绮寓空间设计

图片提供 ⓒ 绮寓空间设计

02.
将冰箱嵌入柜体让餐厨空间变大：将冰箱嵌入柜体的侧面，保留通往厨房的动线，再以淡蓝色的墙面营造用餐区的氛围，为小家注入优雅、清新的气息。

图片提供 ⓒ 绮寓空间设计

03.
书房也是客房：为了达成屋主的心愿，让书房具有客房的功能，并能作为未来的儿童房，设计师以透明玻璃代替隔墙，方便屋主随时看顾孩子，未来只需贴上雾面贴，就能让房间具有私密性。

功能赞

图片提供 ⓒ 绮寓空间设计

04.
在主卧设置拉门以节省空间：卧房内侧以木作拉门作为弹性界定，关上拉门时，餐厨空间形成完整立面。利用墙面布置层板、悬吊灯饰，构成了简约实用的置物台面。

PART 4

房小物多照样收！
生活感无压力的收纳设计

当住宅面积有限时，更要充分地利用空间。把隔墙拆除后，用柜子代替隔墙，既可满足两个空间的收纳需求，还可以分隔空间，除了利用衣柜对功能空间进行划分外，还可以使用电视柜或餐柜。当房子面积不大，层高又不够时，不如把地板架高，通过对不同方向的空间进行分割，设计出和室桌、收纳柜及抽屉等，可以充分利用架高地板的每个面，让有限的空间拥有多重功能，获得最大收纳量。

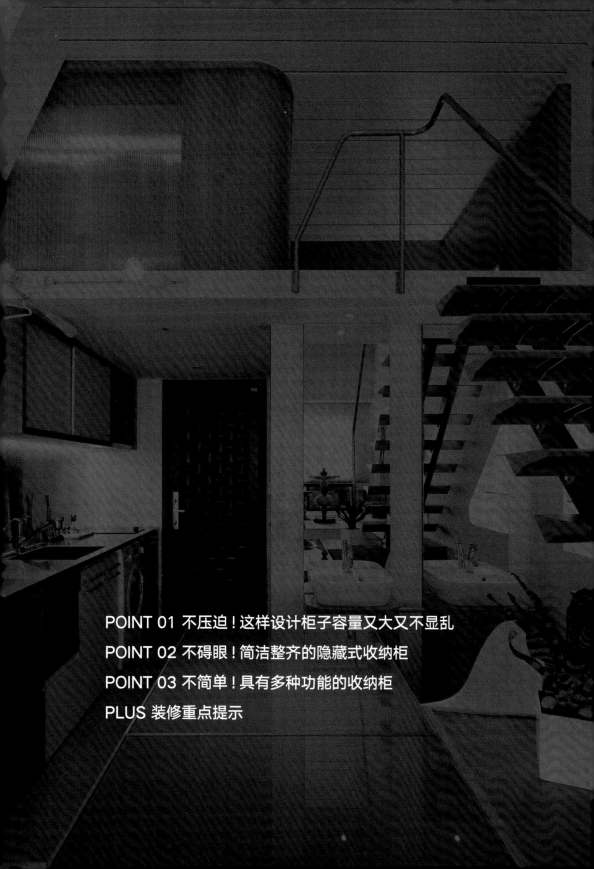

不压迫！
这样设计柜子容量又大又不显乱

01_ 沿墙设计大容量收纳柜，将结构柱藏于其中

在面积 26m² 的套房中，如何收纳是让屋主最头痛的问题。房子里有根粗大的结构柱，让家具难以布置，导致出现了零散空间。设计师规划了两处柜墙，以线性切割的形式进行设计。从进户门至客厅窗边，设计师规划了鞋柜、电视柜，将结构柱、电表箱也隐藏起来；床头背景墙则由隔间柜代替，整合了衣柜、厨柜，将空间延伸至小厨房。白色系让小空间显得清爽，也解决了让屋主烦恼已久的收纳问题。

功能赞

摄影©Yvonne

Basic Information

屋主：外地人　面积：26m²
家庭成员：1 人
说赞好设计：柜体

01. 设计师将进户门旁的电表箱隐藏于柜体之中；检修时开启柜门便能看清电表箱的内部结构，十分方便。

摄影©Yvonne

02. 简洁整齐的白色壁柜：以线性切割的形式设计柜体，将鞋柜、电视墙进行化零为整的处理。白色柜门内是大容量的收纳空间，结构柱被藏起来，线条更显利落。

功能赞

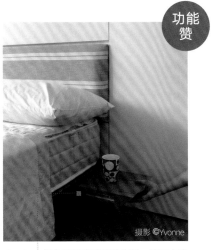

摄影©Yvonne

03 设计师特意定制的床架：将不占空间的床头抽板隐藏于床架中，抽出来后便是床头柜。

摄影©Yvonne

04 具有质感的小卫生间：充分利用洗脸盆下方及侧面的空间，设计大容量的浴柜，也可将电热水器藏于其中。

摄影©Yvonne

摄影©Yvonne

05 藏于无形的大容量衣柜：利用双人床的床头深度，规划了60cm深的收纳柜，不仅可以用来挂衣服，还可以收纳寝具、棉被。

02_柜体整合设计具有舒适、轻快的视觉感

设计师以夫妻俩喜爱的美式乡村风为主要设计风格，由于公共空间属于长型结构，从玄关至电视墙，设计师设计了具有简约线板造型的系统柜，将餐边柜、储藏柜、设备柜进行了整合设计，配以简约清爽的白色门板。在玻璃展柜中巧妙地融入展示功能，利用模型柜充当隔断以减少墙厚造成的空间浪费，柜体更显轻盈。

Basic Information

屋主：黄先生　　面积：83m²
家庭成员：夫妻 +1 个孩子
说赞好设计：柜体

01.

利用系统柜完善空间功能：公共空间为较长的长方形结构，客厅、餐厅紧临，从玄关鞋柜到客厅电视柜，设计师通过长型柜体进行分区，并利用系统柜成型门板取代较贵的实木门板。

收纳
赞

02

L 型柜体具有强大的收纳功能：将餐边柜的中段镂空，并贴覆木皮材质，为白色长柜注入暖色调，并将深度设置为连行李箱都能被轻松收纳的 42 cm，大小杂物都能放入其中。

图片提供 © 法艺设计

03 用半透明书屋增强采光效果：在餐厅旁以大面积玻璃打造出半透明书房，让光线进入书房，化解原本采光不佳的问题。

图片提供 © 法艺设计

04

玻璃展示柜也是隔断：玻璃展示柜兼具隔断的功能，可以通过透明玻璃提升书房的采光。屋主可从书房内部取放卡通玩偶，存放卡通玩偶的玻璃展示柜也是公共空间中的一大亮点。

图片提供 © 法艺设计

05

利用纯白柜体降低压迫感：利用大梁下方的空间设计整面收纳柜体，以开放格柜搭配抽屉、吊柜，配以温馨的白漆，简洁而又清爽。

03_将梁柱嵌入墙柜，提升收纳效率

这间 76m² 的老屋，最大的问题是墙柱歪斜、大梁多，而屋主又有大量衣物、杂物等需要收纳。因此，设计师重新调整格局，并且让大梁、柱体融入柜体之中，巧妙地达到虚化大梁、柱体的效果，例如利用电视墙柜、书柜的圆弧、斜线修饰大梁。此外，设计师在主卧的格局布置中特地规划出更衣室，睡寝区也设计了整齐有致的柜体，满足了屋主的收纳需求。

Basic Information

屋主：陈小姐　　面积：76m²
家庭成员：1 人
说赞好设计：餐厅、厨房

图片提供 © 耀昀创意设计

01

白色柜体更显简洁、清爽：将原先的小厨房改造为开放式书房，与公共厅区紧密相连，并利用大梁下的空间规划落地书柜，白色门板搭配反射镜面材质的形式，更显简洁、清爽。

收纳
赞

图片提供 © 耀昀创意设计

02 墙柜中藏有丰富的收纳空间：设计师从玄关到客厅设计了长达4m 的电视墙柜，黑白灰的搭配形式与现代简洁的造型，呈现出极强的现代感。在鞋柜、电器柜、电视柜中，可依不同的需求进行收纳。

图片提供 © 耀昀创意设计

03. 利用玻璃拉门创造延伸放大感：重整格局后，设计师为屋主创造了独立的更衣间，满足了屋主大量衣物的收纳需求。灰色柜体用鲜艳红色进行点缀，这种跳色处理使空间氛围显得更为活跃，玻璃拉门则保持了空间的穿透感、延伸感。

图片提供 © 耀昀创意设计

04. 中岛吧台将空间性能多元化：将厨房挪至餐厅区，与公共厅区进行整合设计，并特意将吧台设计在窗边，得以享受户外美景。中岛吧台既可作为料理台面使用，又兼具用餐功能。

图片提供 © 耀昀创意设计

05. 简约白色淡化体量感：主卧简洁利落的白色柜体，具有整洁干净的视觉效果，电脑的部分设备也妥善隐藏在左侧柜体内，让桌面随时保持整洁。

04_跳色、镂空柜体,化收纳为无形

在三室两厅 83 m² 的空间中,由于客厅为长方形格局,从玄关至客厅的跨度较长,设计师规划了集中、复合式收纳柜体。柜体简洁,并充满线条感。运用深浅木纹作跳色处理,设计师刻意在抽屉面处用墨色镜面制造反射、放大空间的效果。柜体局部作镂空设计,并让柜体不落地,看起来更轻盈利落。此外,以纯净的白色为主色调,茶几的线条感,都体现出自然、舒适的北欧生活。

Basic Information

屋主:黄妈妈　　面积:83m²
家庭成员:夫妻
说赞好设计:柜体

01.
悬空造型、反射材料创造轻盈感:设计师特意将长型客厅中的电视柜、收纳柜进行整体设计,并用墨色镜面创造出延伸效果,以及让柜体不落地的设计,给人以轻盈利落的视觉感受。

图片提供 © 耀昀创意设计

图片提供 © 耀昀创意设计

02 利用吧台分隔功能区域,并增加收纳空间:设计师通过吧台高度对开放式餐厨功能区域进行划分,既可界定厨房区域,亦能遮挡橱柜台面的凌乱,位于廊道处的吧台层架还可收纳书报杂志。

图片提供 © 耀昀创意设计

03.

透亮的纯白色能够延展空间感：从玄关开始以纯白色调作为空间基调，左侧鞋柜结合开放式层架的设计，让廊道不显封闭、狭窄，流畅的动线设计产生了放大空间感的效果。

风格
赞

图片提供 © 耀昀创意设计

04.

深浅木纹体现质感：悬空式的柜体具有多种收纳功能，简洁的线条框架之间，利用深浅木纹、墨色镜面等材料进行搭配，提升了系统柜的质感，也丰富了墙面的造型效果。

05_利用具有设计感的造型柜打造时尚空间

为了让 63m^2 的空间不再零散，设计师以"大套房式"作为设计概念，并依照屋主的生活习惯，将客厅和餐厨区的动线进行集中设计，让来访好友感到轻松、自在。由于小空间中有一些梁柱，设计师以设计感十足的不规则线条对其进行修饰处理，将梁柱融于柜体之中，不仅虚化了梁柱，也对客厅和餐厅、厨房之间的空间进行了整合，高低造型柜的设计也有引导视觉动线的作用，一连串的设计让整体空间格局变得更完整。

Basic Information

屋主：Mark　　面积：63m^2
家庭成员：夫妻
说赞好设计：柜体、开放式设计

空间
赞

图片提供 ⓒ 九禾室内设计

01. 利用设计感十足的造型柜淡化梁柱，增加收纳空间：为消除梁柱造成的视觉障碍，设计师以整体的造型柜淡化梁柱，放大空间感。

02

柜体设计使空间格局更完整：由高到低、用不规则线条打造的造型柜，整合了客厅和餐厨空间的收纳功能，能够引导视觉动线，虚化梁柱，同时运用深浅不一的暖灰色将这些柜体串连，让空间格局更完整。

03

利用收纳柜延伸出卧榻，再造空间：收纳柜处的采光良好，于是设计师从收纳柜处延伸设计出卧榻，让屋主在家就能享受悠闲的午后时光，当众多朋友来访时也有足够的空间进行招待。

04

拉门让功能空间灵活转换：厨房紧邻主卧，各个空间内都配置了所需的柜体，以拉门作为分隔空间的界定，打开拉门时，主卧是公共空间的一部分，将拉门关起来时，主卧又是私人领域，拉门让这种空间关系既模糊又清晰。

06_利用不及顶的柜体设计创造视觉轻盈感

在有限的室内空间中，一家人的生活杂物如何收纳、摆放才能显得不杂乱、拥挤？这是一门学问。其中，利用柜体将杂物进行收纳是最直接的解决办法，但是大型柜体往往会给人带来压迫感，为此，设计师利用不及顶且具穿透感的柜体进行设计，在满足收纳需求的同时，利用光线的通透性创造出视觉上的轻盈感，具有层次感的柜体设计也能为居家空间增添趣味。

Basic Information

屋主：黄先生　　面积：53m²
家庭成员：夫妻+2个孩子
说赞好设计：收纳柜设计

空间赞

图片提供 ⓒ 怀特设计

01. 利用不及顶设计减轻柜体的重量感：不论是电视柜还是收纳柜，不及顶与悬空的设计能够化解封闭的柜体给人带来的视觉压迫，并让光线得以穿透。高低分明、具有层次感的柜体也为居家设计注入了更丰富的生命力。

图片提供 © 怀特设计

02. 利用展示层架体现屋主个性：除了不及顶及悬空设计的柜体，设计师也在居家空间中适当地设计了开放式的展示层架，满足屋主收纳需求的同时，也能将其钟爱的收藏品或生活用品展示出来，丰富生活气息。

图片提供 © 怀特设计

03. 活动式收纳柜体，为家增添趣味：当不同形式的收纳柜体都变成可随意移动的隔断柜时，在满足屋主收纳需求的同时，还具有其他的实用功能，比如可作为卧榻、椅凳等，让空间的利用变得灵活而富有弹性。

07_系统柜体搭配各种木质材料

如何在小面积住宅中设计出充足的收纳空间是对设计师的最大考验，尤其是在预算有限的情况下。设计师利用大量系统柜整合各区域的收纳空间，并在柜面上凸出木作的质感。此外，利用架高的书房长台、和室创造出 7 ~ 8 m² 的收纳空间，并以简约的线条消除视觉压力，将大部分柜体作镂空设计，让空间感简洁而又轻快。

Basic Information

屋主：王小姐　　面积：83m²
家庭成员：2 人
说赞好设计：收纳兼展示柜

01 架高的地面暗藏收纳空间：在客厅的落地窗处设计了架高式长台，并将其置于开放式书房，以铁件作为书架与书桌的配件元素，区隔了使用空间，又延伸了视线；和室既可作为起居室，又能当作小孩的游戏间，架高的地板下方都是收纳空间。

图片提供 © 锜羽创意空间设计

图片提供 © 锜羽创意空间设计

收纳
赞

图片提供 © 锜羽创意空间设计

利用装饰门板展现乡村风情：餐边柜以乡村风的线型门板取代呆板的定制门片，展现出屋主期待的质朴的乡村风情。而具有封闭门板与通透门板的中空式柜体设计，完美地呈现出餐边柜的收纳与展示功能。

图片提供 © 锜羽创意空间设计

03.

善用零散空间放大收纳功能：儿童房以开放式展示架修饰结构柱，增加了摆放书籍与卡通玩偶的置物空间，也虚化了柱体给人造成的视觉压力。

图片提供 © 锜羽创意空间设计

04.

窗台下的半高衣柜：利用主卧窗下的空间，设计出超过3 m长的半高拉门衣柜，既可收纳大量衣物，又不会阻碍阳光进入室内。

08_ 柜子沿着廊道布置，收纳空间加倍

这间 20 年的老屋是父母留给屋主 Bob 的房子，层高仅有 2.7m，梁柱较多，梁下高度最低达 2.2m。在公共区域和私人空间中，梁和柱横亘交错，再加上 "3+1 房" 的户型格局等，让整体空间变得杂乱无章。经由设计师改造，合理的调整梁柱的包覆与配置，不仅保留了一间儿童房，也规划出了一间弹性书房。整合性高的收纳设计满足了屋主的生活需求，增加了收纳空间，在主卧中增设了更衣室，并让厨房空间扩大了两倍。

Basic Information

屋主：Bob　　面积：66m²
家庭成员：2 人
说赞好设计：格局、收纳

空间赞

图片提供 © 博森设计

01. 利用零散空间整合影音设备：在兼具书房、娱乐功能的起居室中，利用透明玻璃设计旋转电视墙，并将其作为隔断，同时利用柱子两侧与沙发中间的落差空间增设影音电器收纳柜，充分利用了空间。

图片提供 © 博森设计

02 顺梁走位规划空间：大梁下方的空间被设计为自厨房延伸出的 L 型吧台，与之交错的梁下空间被规划为廊道，广大的公共空间被分成四个区域。

功能赞

图片提供 © 博森设计

03 将卫生间整合设计于同侧：将主卫与更衣室串连，并与客卫设计于同一侧，将剩余的长型空间作为厨房，后方延伸至工作阳台，前方则作为 L 型吧台。

09_又能省钱又能表现装修风格的开放式收纳设计

林先生买下这套 83m² 的新房后，能用的装修费用则十分有限。对于已有女友的林先生来说，设计师必须规划出充裕的收纳空间，在设计功能空间的同时，还需要控制预算成本，展现室内装修风格。于是设计师采用开放式收纳设计，让小空间不会因为过多的木作而让人具有压迫感。

Basic Information

屋主：林先生　　面积：83m²
家庭成员：1 人
说赞好设计：玄关、客厅

01.

悬空的玄关柜减少压迫感：设计师在玄关处的长走廊中设计了具有收纳功能的鞋柜，并将玄关柜作悬空设计，在柜体底部安装了灯带，作为夜灯使用，扩大了空间感，并增强了收纳功能。

图片提供 © 维度空间设计

02. 开放式柜体与活动式柜体的搭配设计：木作的装修成本很高，但用于收纳的功能柜又是必不可少的，于是设计师在客厅用木质开放式电视架搭配红色活动柜，不仅可以控制装修预算成本，也能让室内空间更有个性。

03. 节省空间的隔断柜：为了让空间看起来更为宽敞，客厅与餐厅间用柜体作为隔断，既节省空间又兼具收纳功能。

04. 开放式隔断柜与收纳小道具：餐边柜也采用开放式设计，既省钱又便于取放物品，设计师还特意用收纳藤篮搭配开放式层架，便于对物品进行分类使用。

10_利用开放式柜体展现日常景观

在面积不大的居家空间里，除了以干净、简约的材质表现宽敞、舒适度外，还应将周医生夫妻俩收藏的书籍、个人物品进行完整地收纳，避免让室内空间产生凌乱感。如何避免让大体量柜体占据过多的公共空间，而让空间变得更为宽敞，是对设计师最大的考验。

Basic Information

屋主：周医生　　　面积：79m²
家庭成员：夫妻
说赞好设计：电视墙

图片提供 ⓒ 九思室内建筑事务所

01 开放式悬空柜体设计：具有清水模质感的电视墙，以铁件、木质层板打造开放式悬空柜体，营造出轻盈、无压力的空间氛围。

收纳
赞

图片提供 © 九思室内建筑事务所

图片提供 © 九思室内建筑事务所

02 沿着墙面进行展示与收纳：沿着梁下墙面创造收纳空间，让视觉可以延伸至落地窗台，营造出舒心宽敞的空间氛围。

03 同时拥有展示与收纳功能：在空间有限的书房里，为了满足收纳功能，同时又拥有宽敞的走廊空间，设计师利用两侧墙面创造出开放式层架。

图片提供 © 九思室内建筑事务所

04 利用玻璃推拉门增添了流动气息：利用玻璃这种透亮材质将户外自然光引入书房，营造出具有流动感的空间氛围，同时延伸了视觉尺度。

11_将收纳功能自然地融于墙面

梁小姐夫妻俩终于拥有了属于自己的房子，他俩喜爱休闲的惬意感受，期待将这套老屋翻修成简约时尚的样貌，同时希望将生活杂物隐于无形，因此，设计师由内到外充分利用了空间，增强了收纳功能。

Basic Information

屋主：梁小姐　　面积：50m²
家庭成员：夫妻
说赞好设计：电视柜

图片提供©THE ORIGIN 元典设计

01 洁白且悬空的柜体设计：设计师在玄关墙面处打造了一整排收纳柜，洁白的色彩放大了视觉效果，局部柜体以悬空方式呈现，更显轻盈。

收纳
赞

02.
将电视柜结合收纳功能进行设计：为了强化收纳功能，设计师特意将电视柜结合收纳功能进行设计，利用米色调搭配简洁素雅的线型门板，创造出毫无违和感的整体设计。

图片提供 ©THE ORIGIN 元典设计

03. 多功能的折叠式餐桌：餐厅里摆设了折叠式餐桌，当客人拜访时，可展开两侧桌面，平时无需使用时，可将两侧桌面收合，以节省空间。

04.
窗下零散的空间也能收纳：善用窗边大梁下的零散空间，将大型家电与厨具置于其中，不影响采光的同时，也能满足屋主所需的收纳空间。

图片提供 ©THE ORIGIN 元典设计

12_实用与美感兼顾

好的设计，绝对是在实现产品功能的同时，充分地体现其美感。例如，这套 66m² 左右的小房子里，除了在玄关处设置隐密的储藏室外，在宽敞明亮的客厅旁，居然还设计了一个可容纳十余人举行小组会议的超长中岛，甚至在舒适的卧室里规划出专属更衣间，设计师针对空间施展的种种魔法简直令人叹为观止！

Basic Information

屋主：Lee　　面积：66m²
家庭成员：1 人
说赞好设计：功能

图片提供 © 虫点子创意设计 X 室内设计

01. 复合娱乐中心：设计师以白色文化石打造客厅电视墙，墙体上方的天花板内藏有投影设备的吊隐式银幕，它能让客厅摇身一变成为视听娱乐中心。

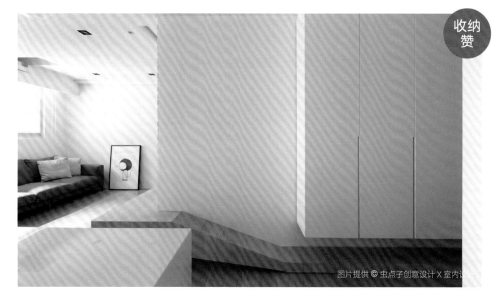

收纳赞

图片提供 © 虫点子创意设计 X 室内设计

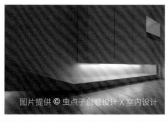

图片提供 © 虫点子创意设计 X 室内设计

02.

浪漫发光体：这面依墙设计的白色高柜造型简洁利落，设计师刻意将柜体下方作悬空设计，并加装间接光源。到了夜里此处宛如浪漫的发光体，也能充当过道灯，同时降低了大型柜体的体量感。

图片提供 © 虫点子创意设计 X 室内设计

03.

精工大中岛：考量到屋主的工作关系，常会有许多同事到家里举行小组会议，因此设计师打造一个做工精致的超长中岛，十几个人同时围桌讨论或就餐都绰绰有余！

13_将造型拱门与柜体进行整合设计

当狭长的老房子被全面拆除后，还原为毛坯房的状态，设计师重新界定房屋格局，打造法式古典风格，以拱门回廊的概念设计修饰梁柱，让玄关和客厅的领域感更为清晰。由于夫妻俩经常出国旅游，他们需要许多摆设纪念品或饰品的空间，设计师便结合装饰和收纳双重功能，打造出具有穿透性的拱门柜体。

Basic Information

屋主：傅先生、傅太太　　面积：59m²
家庭成员：夫妻
说赞好设计：柜体

图片提供 © 尔声空间设计

01 以钢琴为视觉焦点设计拱门柜体：为了包覆横梁，拱门两侧采用不等宽的设计，目的是为了让钢琴成为拱门的端景，并在不同视角下，呈现出女屋主弹琴时若隐若现的美丽。

收纳
赞

图片提供 © 尔声空间设计

02 推转之间，360°全收纳：拱门柜体中的每层隔板都可旋转360°，可以依需求放置大小各异的书本或物品，深度也可根据需求进行调整。

03 随波浪板流转的生活光景：拱门柜体的深度达 50 cm，可以双面使用，为了具有穿透性，隔板薄至 9mm，波浪板的设计灵感来自钢琴的 S 型造型，增加了现代感。

图片提供 © 尔声空间

图片提供 © 尔声空间设计

04 将玄关柜、鞋柜融入拱门柜体中：拱门柜体的下半部分被规划为具通风功能的玄关柜及鞋柜，凹槽式倒角把手、气孔与线板设计融为一体，造型简洁利落，实用性也很强。

图片提供 © 尔声空间设计

05 根据不同的情况铺装地面：考量到中国台湾潮湿多雨的天气，入门后可能会踩湿玄关地面，便于拱门之外的玄关区使用木纹砖，拱门之内的区域则采用屋主偏爱的实木地板。

不碍眼！
简洁整齐的隐藏式收纳柜

01_延续日本收纳术的小住宅

如何让 25m² 的空间供两个大人、一个小孩居住？屋主 bear 可谓是费尽了心思，最终在这个小空间中创造出榻榻米、如泳池般的蓝色烤漆玻璃餐桌以及一应俱全的家电设备。设计师建议架高地板，让地板的高度与窗缘齐平，不但打造出了落地窗效果，空间也变得更为宽敞。设计师利用榻榻米的面板延伸出桌面，不受沙发约束，让榻榻米更显宽敞，而榻榻米的底部全是收纳空间，完全可以避免杂物堆积的情况，可谓是创造了一个现代感十足的日系迷你空间。

Basic Information

屋主：bear 夫妇　面积：25m²
家庭成员：夫妻 + 1 个孩子
说赞好设计：架高地板

01. 架高地板，让视野更宽广：将地板架高 90 cm，以改变空间比例作为放大空间的手法，让地板与窗缘齐平，巧妙地创造了落地窗，让视线延伸至室外，并使空间感更显开阔。

图片提供 ©郑士杰室内设计

功能
赞

02. 推拉式衣柜门板与延展式桌板：夹层空间中除了卧房以外，还有一间衣帽间，门板采用推拉设计，便于拿取衣服，半透式材质搭配灯光设计，让空间感更显轻盈。桌子可延展加长，容纳6人入座就餐。

图片提供 © 郑士杰室内设计

03. 规划双面盆以节省梳洗时间：面盆被布置在卫生间外侧，双面盆的设计满足了女屋主的需求，方便两人独自使用，节省出门时间。

图片提供 © 郑士杰室内设计

02_利用假墙创造超大收纳空间

33m² 的住宅为一室一厅的户型，这对小夫妻希望在有限的空间中规划出厨房及更衣室。设计师利用空间纵面、平面的交错设计，让这间小屋的主卧和客厅都能拥有 16m² 的面积，与 100m² 的住宅规划出的面积差不多，同时设计师利用大露台砌出假墙，不但增加了约 7m² 的收纳空间，还增设出工作阳台，让整体空间更加利落简洁，也进一步地放大了视觉空间感。

Basic Information

屋主：廖小姐　　面积：33m²

家庭成员：夫妻 + 1 只狗

说赞好设计：柜体设计

收纳赞

图片提供 © 采丰国际室内设计

01 环绕式假墙暗藏收纳空间：设计师利用大露台，环绕式地砌出假墙，将外推的窗台设计成收纳空间，增加了约 7m² 的收纳空间，还因此增设了工作阳台。

POINT 2 不碍眼！简洁整齐的隐藏式收纳柜

图片提供 © 采丰国际室内设计

02. 以共享通道保持空间尺度：在公共空间中，设计师利用平面
空间进行重叠设计，让客厅与一字型厨房共享通道，让两个
区域拥有足够的使用空间。

图片提供 © 采丰国际室内设计　　　　　　　图片提供 © 采丰国际室内设计

03. 利用衣柜转角做出半套式更衣室：设计师利用卧房转角处的零散闲置角落规划出
小巧的半套式更衣室，关上门时为普通衣柜，开启后，则能利用门板后的穿衣镜进
行试衣、装扮。

03_柜体也是装置艺术

优质收纳是现代人舒适生活的根本，而收纳工具不外乎为各类大小橱柜，若在家里设计一大堆柜子，不仅劳民伤财，还得占用家人的活动空间。不妨参考一下设计师在这个屋里运用的妙点子：在玄关处以一个悬空柜体分隔空间，从悬空柜体后方进入，会发现一间被隐藏的储物室，利用这间储物室可以解决家中所有收纳问题。

Basic Information

屋主：Johnson　　　面积：66m²
家庭成员：夫妻
说赞好设计：收纳设计

收纳赞

实用的几何艺术：收纳柜其实也能充满艺术感，在白色柜体的基础上也能创造出错落有致的几何趣味，在其右侧延伸出一段木质台面，随意地摆上一盆花艺、植栽或雕塑，都很雅致。

图片提供 © 虫点子创意设计 X 室内设计

图片提供 © 虫点子创意设计 X 室内设计

02

利用灯槽虚化大梁：横亘在客厅中央的大梁又低又大，若只是单纯地对其进行包覆，则会让人更有压迫感，于是设计师在梁两侧加做灯槽设计处理，并创造斜面造型，立刻让空间缺陷变为设计亮点。

图片提供 © 虫点子创意设计 X 室内设计

03

电视墙也能充当隔断：将从餐厅延伸过来的白色半墙作为客厅与书房的隔断，并将电视刻意地挂于墙面右侧，用这种不对称的趣味设计配合下方延伸出的深色木质台面，为半墙后的书房阅读区预留伏笔。

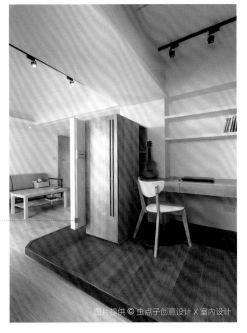

图片提供 © 虫点子创意设计 X 室内设计

04

柜体不及顶让空间更显通透：小巧书房的地板被略微架高，不需作过多的硬性界定，便能清晰地划分出书房的区域。将书桌左侧的木质高柜作为电视墙的背面支撑物，并使其高度与半墙齐平，刻意不及顶，让空间显得更为通透、宽敞。

Point 03

不简单！
具有多种功能的收纳柜

01_ 有效地规划小户型空间，增强收纳功能

由于空间有限，设计师试图结合收纳功能与屋主的生活习惯来规划空间。例如，设计师在入口玄关处设计了一整面玄关柜，足以摆放一家人的物品，另外，以一个双面收纳柜替代隔墙，可以满足其他的置物需求。此外，设计师善于利用公共区域，比如利用平常作为一家人用餐的餐厅区，当访客过多的时候，将餐厅作为客厅的延伸空间，让亲友团聚时拥有充足的活动空间。

Basic Information

屋主：Eric 　面积：66m²
家庭成员：夫妻 +1 个孩子
说赞好设计：柜体

01. 以清玻璃分隔客厅与书房：为了让空间更加宽敞，设计师以清玻璃作为书房兼游戏室与客厅的隔断，让视线通透，无形中放大了空间感。

空间赞

图片提供 © 墨比雅空间设计

02.

利用双面柜提升空间使用效率：在餐厅与玄关处，利用双面柜充当隔断，不仅能分隔空间，而且兼具收纳功能，同时提升了空间的使用效率。

03.

利用黑镜隐藏鞋柜：在玄关入口的右侧，利用黑镜装饰鞋柜门板，黑镜可作为穿衣镜，让居住者出门前整理仪容，也可利用黑镜的反射效果，让玄关处的走廊更显宽阔。

图片提供 © 墨比雅空间设计

图片提供 © 墨比雅空间设计

图片提供 © 墨比雅空间设计

04.

具有设计感的造型背后隐含充足的收纳空间：利用水泥板与镜面的质感对比效果来表现电视墙，一方面凸显空间焦点、呼应室内装饰风格，另一方面隐藏了收纳空间，让实用与美感兼具。

02_ 借由不同形式的柜体增大收纳空间

对于这个 50m² 的新家，屋主担心会有收纳空间不足的情况，因此，设计师选择维持房子既有格局，不缩减空间，在不改变空间大小的情况下满足 3 人的生活需求。此外，因房子的空间有限，若全部使用实体柜来解决收纳问题，势必会让空间更显拥挤，不妨利用展示型收纳柜来进行设计。

Basic Information

屋主：侯先生　　面积：50m²
家庭成员：夫妻 + 1 个孩子
说赞好设计：展示型收纳柜

收纳
赞

图片提供 © 怀特设计

01. 交错使用虚实形式的收纳柜：展示型收纳柜的柜体可通过层架、层板进行塑造，同时将封闭柜体与镂空、开放式的收纳形式相结合，不仅能将生活物品展示出来，还能将物品进行规整收纳。

图片提供 © 怀特设计

02. 通过质地与色泽的表现营造不同的空间氛围：为了让空间具有独特的风格，设计师在柜体与墙面上运用色彩涂料进行装点，不同的材质在光线的照射下，让家颇具独特的设计韵味。

图片提供 © 怀特设计

03. 加深功能尺度，提升收纳量：主卧的大型衣柜延续了客厅展示型收纳柜的风格，与之相邻的化妆桌的尺度被加深，化妆桌面的上下空间也增设了层架、柜体等。

03_ 人与猫共处一室的功能型住宅

宫先生夫妻俩已经退休了，他们现在所住的新家的面积只是以前房子的一半，但他们却期待在这里开始惬意的退休生活。在新的居家环境里，设计师需考量人与猫咪各自的活动空间，避免彼此干扰，更需深入了解 4 只猫咪的不同性格，通过设计将其妥善安排。设计师还应将原先 $132m^2$ 的收纳容量，浓缩至 $66m^2$ 的新家里，让新家具有美感，并拥有完善的功能。

Basic Information

屋主：宫先生　　面积：$66m^2$
家庭成员：夫妻 + 4 只猫
说赞好设计：猫跳台

01.

利用垂直高度创造猫咪活动的区域：设计师将猫跳台的设计形式从柜体延伸至天花板，从玄关延伸到客厅，层板的角度和造型与电视墙的设计形式相协调，成功打造人猫共处的功能型住宅。

图片提供 © 凯阎室内空间设计

收纳
赞

图片提供 © 凯翊室内空间设计

02 将收纳功能与猫跳台相结合：利用垂直高度勾勒出猫咪的行走动线，水平的猫跳台设计与电视墙造型相融，文化石搭配木质层板，展现出简约的自然之美。

图片提供 © 凯翊室内空间设计

03 可掀式餐桌设计：猫咪有窝在餐桌上的习惯，所以设计师利用可掀式设计创造餐桌，让屋主可根据不同的需求来收合桌面，并让空间运用更具有弹性。

图片提供 © 凯翊室内空间设计

04 将床收整至收纳柜体：设计师将具有进口五金的高箱床与收纳柜设计为一体，有效地避免了猫咪在床上大小便的问题。

04_错层格局藏有充足的收纳空间

设计师将层高 3.95m 的房屋高度作最有效的分配,将 66m² 的小空间规划为三层格局。进门处是架高地板的开放式餐厅与主卧,阶梯往下才是客厅,窗外的绿意延伸了视觉效果,让客厅的高度没有压迫感。设计师又将收纳空间化为无形,让柜体多元化运用。例如,将电视柜结合楼梯台阶进行设计,将抽屉、衣柜等零散格局整合设计为上下贯穿一致的主墙面柜体。

Basic Information

屋主:吴先生　　面积:40m²
家庭成员:夫妻
说赞好设计:电视墙

01.

电视柜具有强大的复合功能:设计师将零散柜体整合在电视柜体中,电视柜的正面是影音柜、抽屉及展示柜,背面则结合抽屉式的楼梯贯穿全屋高度,不仅在电视柜的一侧纳入冰箱,夹层上方的书房墙面,也设计有衣柜及收纳空间,功能完善。

图片提供 © 绮寓空间设计

图片提供 © 绮寓空间设计

PLUS 装修重点提示

01_ 将柜子贴墙，既能增大收纳容量，又能兼顾空间感

在小空间中设计收纳柜时，可沿墙面设计，让柜体贴墙，可以修饰空间中的梁柱。柜门可挑选浅色或与墙面的颜色一致，让柜体与墙面融为一体，既具有收纳功能，又不会影响空间感。

02_ 化零为整的空间收纳术

在空间有限的状况下，有时很难做大面积的收纳思考，必须化零为整，善用每一处的零散空间来增大收纳的空间，如利用天花板上方、地板下方、楼梯下方的空间与梁柱和梁柱间的空隙等，都可以使这些角落具有收纳功能。

03_ 上下延伸，争取收纳空间

空间维度有水平和纵向之分，水平面积很难增加，但纵向面积却有很大的探索空间，尤其现在很多小面积房子的天花板高达 3.6m，更适合往上或向下延伸空间，让柜体往上延伸到顶或是将地板架高运用，都会增加不少收纳空间。

04_ 精心设计尺寸，省到就是赚到

面积小的户型，对于尺寸的设计更要留意。虽然根据不同的使用用途，柜体设计都有其固定的参考尺寸，但还是要根据实际的使用情况，例如，书柜的深度一般为30~35cm，但其实很多书的宽度都不到 30cm，书柜的深度就不用做到 35cm，千万别小看这几厘米，有时就能因为这几厘米，创造出更多的收纳空间，让空间变得更开阔。

05_ 功能共用让收纳空间增大

空间小，但希望功能完善，那如何在有限空间中发挥最大的功能呢？此时一定要运用一物多用的设计概念，并利用共用性来增进空间使用功能，比如将书柜与餐边柜整合设计，用橱柜代替隔墙，让隔墙成为收纳柜……这些措施都能让空间最大化。

06_ 改变收纳方式，摆脱尺寸限制

要提升收纳容量，收纳方式也很重要，有时只需改变收纳方式，就能在原本无法规划柜体的地方增加收纳空间，例如鞋柜深度一般是 35~40cm，才能将鞋平放进去，但若不用平放而改为斜放的方式，20cm 的深度就可以了。因此，换种收纳方式就可摆脱尺寸限制。

PART 5
迷你又充满个性魅力！
风格营造与配色布置

小户型的配色原则即在同一个空间中的颜色不宜超过三种，而且最好能够相互搭配融合。若颜色太多，则会让空间复杂化，给人造成压迫感。空间小，线条就不宜复杂，但这并不代表小面积住宅只能设计为现代风格，想要在小空间中营造出不同的设计风格，建材的使用是重点。比如想要营造乡村风格，可采用木皮和木地板，再局部搭配带有碎花的壁纸及沙发；北欧风格则少不了文化石墙面、实木家具及低矮的沙发、造型单椅。

POINT 01 房子小，更要有独特的风格！

POINT 02 把收藏品都摆上，空间照样宽敞！

POINT 03 用对颜色，让房子不仅变大还更有型！

POINT 04 大型家具也适合小房子！

PLUS 提升质感重点提示

PLUS 营造风格重点提示

Point 01 房子小，更要有独特的风格！

01_ 利用材质、色彩营造舒适小空间

屋主 Kevin 养了一只猫，希望在 43m² 的空间中拥有自由的居住动线。设计师保留厨房、卫生间，将其余隔墙拆除后重新规划，以电视墙为中心，创造出"回"字动线，让人与猫在空间中都能自由活动。将电视柜与卧房置物柜进行整合设计，取代实体隔墙，借此划分公共、私人空间，将卧室的两侧设计为双向开口，如此规划出更衣区及廊道，让空间也变得灵活、实用。

Basic Information

屋主：Kevin 面积：43m²

家庭成员：1 人 + 1 只猫

说赞好设计：动线

01. 功能整合，让客厅、餐厅"互动"起来：既然空间已经非常小了，那么就通过功能整合提高空间使用率。将餐厅、厨房规划在一起，这样既可以有效地利用空间，使用上也更为便利。

图片提供 © 甘纳设计

02 | 猫咪也有自己的玩乐之地：在厨房层架、冰箱上方，均配置了猫咪的活动空间，让猫咪在小空间里也能倍感自在。

动线赞

03 | 回字形动线让空间变大：将电视柜与卧房置物柜进行整合设计，取代实体隔墙，借此划分公共、私人空间，将卧室的两侧设计为双向开口，打造出"回"字动线。

收纳赞

04 | 将柜体与隔墙合并，满足收纳量：电视墙以柜体形式呈现，使其拥有双重功能，让隔墙有了不一样的定义，同时也满足了屋主的收纳需求。

02_充分运用材质满足姐弟俩期望的风格小窝

由于姐姐喜欢乡村风,弟弟偏爱工业风,因此设计师将格局重整、动线重拉,规划出两个主卧、一个大卫生间,放大了公共空间——客厅,并针对姐弟俩各自的风格喜好设计其所需的空间功能。客厅以木地板烘托温暖色调,沙发背景墙以文化石呈现乡村风格。弟弟的房间除了用铁艺水管定制墙面书柜外,还打造了一个专属于他的吸烟室。姐姐的房间则以乡村风的壁纸点缀,将原本昏暗的老旧房屋打造成明亮休闲的个性住宅。

Basic Information

屋主:Doris & Joe　　面积:83m²

家庭成员:2 人

说赞好设计:材质混搭

图片提供 ⓒ 至文设计

01 格局重整,公共空间明亮十足:公共空间铺以木地板,并大面积开窗,让光线从厨房穿透到客厅。设计师除了重新调整空间色调外,也让公共空间的休闲感十足。

02.

开放式挂架，可随意摆放书籍：设计师将木纹效果从地面延伸至墙面，让用餐区域的墙面色调与地面一致，并设计了隐藏书架，可以让主人随意摆放自己常看的书籍，增加空间人文感。

功能赞

图片提供 © 至文设计

03.

设计专属嗜好角落，满足个人需求：男屋主 Joe 喜欢工业风，房间除了运用铁艺水管打造书柜外，设计师也为他设计了专属吸烟室，并布置好通风管线等，满足了 Joe 的生活需求。

风格赞

图片提供 © 至文设计

04.

用花纹壁纸铺陈出乡村风格：女主人喜欢乡村风，设计师以具有乡村花纹的壁纸装饰卧室的床头背景墙，并以符合空间风格的活动柜体，打造出女主人的专属睡眠空间。

03_色彩让老宅变身摩登住宅

这是一间仅 53m² 的老宅，为了改善房屋的"老态"，并满足一家五口的生活需求，设计师必须将空间做更有效的分配与设计。因此，设计师首先在入户口玄关处，结合电视柜和鞋柜的收纳设计，将僵硬的墙面直角设计为流畅的弧线造型，并以一道玻璃推拉门对客厅和厨房进行划分，有效地解决了油烟问题，也保留了优良的采光。接着则是在空间中搭配材质、色彩等，让老宅不仅充满朝气，还能摇身一变成为摩登住宅。

Basic Information

屋主：汪小姐　　面积：53m²
家庭成员：夫妻 +3 个孩子
说赞好设计：动线流畅、空间明亮

风格
赞

01.

透光材质让老宅变明亮：客厅与厨房之间以透光的推拉门划分空间，推拉门两侧则设计同款式的浅色木皮隔墙，一面收纳拉门，另一面的两侧则分别为洗衣区与餐桌摆放的空间。

图片提供 ⓒ 禾光室内装修设计有限公司

图片提供 ⓒ 禾光室内装修设计有限公司

02

弧形复合式柜体成为亮丽端景：入户口处的鞋柜收纳同时兼具电视柜的功能。借由温润木质和弧形的柜体造型，让坚硬而冰冷的直角，也能成为一道亮丽的空间端景。

03. 大地色系让家更具生命力：由于空间不大，在用色上设计师以大地色系为主，比如木质餐桌、草绿色沙发等，空间不仅体现了舒适性，还充满了生命力。

图片提供 © 禾光室内装修设计有限公司

图片提供 © 禾光室内装修设计有限公司

04. 白色系的厨房设计：厨房空间以白色系为主，一扫过往厨房阴暗的印象，并通过双一字形的橱柜布局，创造出充足的料理空间、收纳空间及顺畅的动线。

图片提供 © 禾光室内装修设计有限公司

05. 扩大卫生间，让空间利用最大化：改变过往狭小、老旧的空间样貌，扩大后的卫生间多了一个浴缸，可以为家人提供一个放松的空间。

04_ 在现代风格中创造个性化的视觉节奏

由于屋主经常在家工作,书桌则是必不可少的,另外,屋主对用餐空间也很重视,希望能拥有独立餐桌,他还期盼改善收纳容量不足的问题。于是,设计师用活动书桌取代吧台,用沙发与书桌界定出书房;将厨房隔墙局部外推,利用厨房梁下空间规划落地书柜,并结合活动拉门进行整体设计;在原先放置电视柜的地方摆放两人用的小餐桌,并以抽拉柜增强收纳功能。功能空间被重新定义后,在风格表现上以现代风格来塑造,在纯白色的空间中加入蓝色、黄色、红色进行点缀,在一片清新自然的空间中巧妙地设计出不一样的视觉节奏感。

Basic Information

屋主:Kevin　面积:36m²
家庭成员:2 人
说赞好设计:书房、餐厅、客厅

图片提供 © 奇逸空间设计

01. 铁艺线条勾勒的玻璃推拉门让空间线条更清晰:将原厨房的隔墙局部外推后增加了使用空间,除了配有小 L 形橱柜外,还以黑色铁艺线条勾勒的玻璃推拉门结合落地书柜进行整体设计,让小环境更具立体感。

图片提供 © 奇逸空间设计

02. 利用沙发及书桌分隔空间：撤掉原先的双人及单人沙发，改放 L 型沙发，并将原本朝向进户门的电视墙调整至主卧方向，在沙发后方放置活动书桌，利用沙发及书桌分隔出书房与客厅空间。

图片提供 © 奇逸空间设计

03. 在纯白色中加入艳丽的色彩进行点缀：由于空间小，因此设计师以现代风格为基调，辅以纯白色系，但为了让线条、层次更明确，设计师试图用黄、蓝、红、黑等色系作为点缀色，创造小家的味道。

04. 利用镜面材质延伸空间感：将电视柜置于主卧的隔墙处，设计师利用零散的空间规划出两人用餐的餐厅，除了放置小餐桌外，通过镜面玻璃延伸了空间感。

图片提供 © 奇逸空间设计

05_ 小空间也可以优雅又奢华

从事贸易工作的 Phoebe，经常出差去美国，因此，他爱上了美式乡村风格及古典风格。面对只有 59m^2 的新屋，Phoebe 要求设计师一定要设计出兼具美式乡村的优雅及古典的奢华，于是设计师利用了美式乡村风格中典型的元素，并搭配该风格的家具及饰品完成了 Phoebe 的心愿。

Basic Information

屋主：Phoebe　　面积：59m^2
家庭成员：夫妻
说赞好设计：玄关、客厅、浴室

风格赞

图片提供 ⓒ 原创涵舍室内装修设计

01. 进门就能看见美式乡村风格的拱门窗：为了让人一进门就能感受到这间屋子的家居风格，设计师在玄关与客厅处都设计了拱门窗，并运用瓷砖与木地板的材质差异界定了空间属性。

图片提供 © 摩登雅舍室内装修设计

02 复合式设计让单一空间拥有多种功能：在开放式餐厅中放置一个书柜，餐厅区可变换成独立工作区，而书柜同时兼具餐边柜的功能，让空间功能多元化。

质感赞

03 用美式古典壁炉凸显乡村风格：以简单线条打造的具有美式古典风格的壁炉电视主墙，刻意以双壁炉堆叠的造型拉高视觉效果，让空间更显风格特点，同时也使空间变得更开阔。

图片提供 © 摩登雅舍室内装修设计

图片提供 © 摩登雅舍室内装修设计

04 用挑高的灯具营造出顶级酒店装饰效果：为了让 Phoebe 也能拥有五星级酒店的卫生间，设计师不仅利用水晶灯饰及木作天花板创造空间焦点，还运用石材凸显质感。

06_打造如五星级酒店般的小户型

不到 70m^2 的小户型有三个房间,并且每个房间都很小。对于只有一个人居住的 Stella 来说,并不需要太多的房间,她期待的是拥有一间不逊色于五星级酒店的小空间,于是设计师将原来的三个小房间调整为一个大房间,并增设了一间大卫生间,还设计了一间独立更衣室,这间更衣室可兼书房使用。

Basic Information

屋主:Stella   面积:66m^2
家庭成员:1 人
说赞好设计:客厅、浴室

图片提供 ©IS 国际设计

01 改造卫生间以增加收纳空间:将卫生间的格局调整后,让出卫生间的部分空间做收纳柜,将临近管道间的部分空间设计为隐藏式收纳柜,在电视柜的另一侧也规划了收纳柜,并用镜面柜门延伸空间感。

风格赞

图片提供 ©IS 国际设计

02 小空间也能拥有豪华卫生间：为了满足屋主喜欢泡澡的需求，设计师在原主卧空间中规划出一间卫生间，既有淋浴间，也有独立浴缸。

图片提供 ©IS 国际设计

03 小卧房被改造成更衣室兼书房：原客用卫生间旁的小房间，被改造为大更衣室，由于屋主希望有个书房，设计师除了在此处规划了镜面衣橱外，也设计了长型书桌，便于屋主上网、阅读。

04 皮制拉门让隐藏式收纳区更有质感：设计师将原主卧旁的小房间结合主卧卫生间变成大主卧后，并将主卧与卫生间之间的隔墙拆除，选用皮制拉门与卫生间门连成一线，不但将收纳柜隐藏起来，还让空间更有质感。

图片提供 ©IS 国际设计

07_将老屋改造为乡村风办公小空间

从事贸易工作的 Christine 终于如愿买下了 46m² 的挑高小屋作为创业用的办公室，并用于居住。由于是年久未修的老屋，设计师希望将老屋规划为商住两用的空间，并满足 Christine 的少女心，将房屋风格设计为乡村风格。于是设计师保留了客厅、餐厅，运用房子挑高的优势规划了卧房，以吧台充当办公桌，并运用乡村风格的元素，让老屋呈现出新面貌。

Basic Information

屋主：Christine　　面积：46m² 家
庭成员：3 人
说赞好设计：客厅、厨房

风格
赞

01.

对天花板进行重点装饰：公共空间保留原有高度，并以乡村风代表性的木架元素作为装饰，并将其延伸至墙面，不仅让空间显得更宽敞，也更能体现装饰风格。

图片提供 © 采荷空间设计

整合零散的空间：电视墙后方是通往二楼的楼梯，设计师利用此处零散的空间整合各项收纳功能，设计出独特的储藏空间，同时结合壁炉造型设计电视柜，凸显出美式乡村风格特色。

利用开放式吧台放大空间：不同于传统办公室的设计，设计师以开放式木作吧台代替办公桌，从而界定出工作区域，完善了居家工作室的功能，同时也融入了美式乡村风格元素。

重新布局洗手台，使其成为端景墙：为解决老旧卫生间空间狭小的问题，设计师刻意将洗手台的区域单独进行设计，再以造型砖装饰墙面，形成客厅中具有风格特色的端景墙。

08_混搭的日常居家风

为了让随男屋主一起返回台湾短暂居住的英国客人有置身于英国老家的感觉,女屋主特地把老房子重新装修,让留澳的室内设计师运用过往的旅居经验,将英式怀旧和法式优雅的韵味通过空间的线条铺陈,并辅以家具、家饰的合理搭配,融入到老屋的风格特色中。

Basic Information

屋主:傅先生、傅太太　　面积:59m²
家庭成员:夫妻
说赞好设计:钢琴端景

质感
赞

图片提供 © 尔声空间设计

01. 恋恋"琴"迷,何处不见她:女屋主的爱好为弹钢琴,则进门后通过古典法式拱门,便能见到钢琴,男屋主身处卧室时也能通过玻璃门欣赏女屋主弹琴时的情影。

02.

法国时尚壁布:在玄关处摆设矮柜,再以法国知名设计师设计的壁布进行装饰,壁布上的花砖、饰品图案将房间衬托得很生动。

图片提供 © 尔声空间设计

图片提供 © 尔声空间设计

03 令人舒心的蓝丝绒：在以浅灰和白色为基调的客厅里，充满法式柔情的古典钉扣沙发，搭配温润的木地板和几幅挂画形成一隅美景。

图片提供 © 尔声空间设计

05 当古典元素遇上现代风格，尽显浪漫气质：卫生间体现出现代简约风格的特点，六角形瓷砖在地面上几何排列，并配合有着浪漫气质的造型挂镜，散发出古典气息。

图片提供 © 尔声空间设计

图片提供 © 尔声空间设计

04 开启双推门，探究美味之境：将餐桌纳入厨房，把法式咖啡厅常用的黑白地砖融入居室设计中，对开的格子玻璃门后，光线充足，能够唤起男屋主对以往英国生活的回忆。

把收藏品都摆上，
空间照样宽敞！

01_美式拼布让小空间更有型

对于自己的第一个家，Lily 充满了期待，虽然只是 59m^2 的小住宅，但她希望新家不仅能有乡村风格的温暖，还能将她的收藏品进行收纳、展示，打造如童话绘本般梦幻的空间。善于打造乡村风格的设计师以欧式乡村风格为主，并搭配美式拼布，结合各式各样的进口花砖及手染木作，满足了 Lily 的需求。

Basic Information

屋主：Lily 面积：59m^2
家庭成员：1 人
说赞好设计：客厅、餐厅、厨房

01. 拆除阳台门框放大空间：设计师首先建议拆除阳台的既有门框，将其改造为开放式拱门，并圈划出一块与客厅相连的个人工作区，导入庭院光线与绿意，让空间变得更为开阔。

空间赞

图片提供 © 采荷设计

风格
赞

02.

用色彩和收藏品让空间更有型：为了容纳 Lily 从各地带回来的收藏品，设计师在客厅规划了展示玻璃柜、层架，并将欧式乡村风格中的经典元素——壁炉也作为展示空间，搭配饱和的鲜黄色墙面，展现出空间的风格特性。

03.

利用花卉壁纸展现优雅气息：为了体现 Lily 的个性及喜好，设计师不只将她收藏的瓷砖嵌入餐桌，同时搭配白色法式餐椅、花卉壁纸进行装点，让空间更显浪漫气质！

图片提供 © 采荷设计

图片提供 © 采荷设计

04.

利用仿拼布花砖表现欧式乡村风：为了让空间更为开阔，公共空间皆采用开放式设计，设计师特别挑选了仿拼布花砖，营造出欧式厨房的气息。

02_用收藏品装饰主墙

热爱旅行的女主人珍藏了许多纪念品与饰品配件,男主人则喜欢收集漫画及卡通玩偶。两个有收藏嗜好的人希望能在 66m² 的住宅中,营造出既能展示又能收纳的空间。客厅的背景墙与家具,大量采用黑白双色搭配灰色与木色,营造出治愈效果。主墙被规划成长型展示柜,用于收藏男屋主的卡通玩偶和漫画。被架高的地板成了可坐、可卧的卧榻,底下则是收纳区。餐桌区也可作为个人工作区,朋友聚会时,宽敞的桌面也足够使用。

Basic Information

屋主:A & V   面积:66m²
家庭成员:夫妻
说赞好设计:展示柜、动线

图片提供 © 甘纳设计

01 多功能的 4m 长桌:长约 4m 的桌面可用于阅读,也可用于聚餐。墙面立柜上的卡通玩偶是屋中最具特色的装饰品。

功能赞

图片提供 © 甘纳设计

02 吧台也是料理台：为了与玄关平台的线条感及空间的色彩感相呼应，以铁灰色线条延伸出 L 型的中岛台面，刻意利用柱体的转折效果界定厨房区，此处的台面也是小两口平时的早餐台与用餐区。

图片提供 © 甘纳设计

图片提供 © 甘纳设计

03 客厅与主卧之间畅通无碍：公共、私人空间之间利用拉门作为弹性隔断，以电视主墙为中心，做出回字形双向动线，在半开放式的格局下，使主卧、客厅的窗景形成统一的整体，营造主卧宽敞感及随性、无拘束的生活形态。

03_黄金单身汉的生活

年轻未婚的 Tony 喜欢收藏红酒,他买的这个房子位于中国台北的黄金地段,却具有老屋常见的昏暗、杂乱、缺乏收纳空间、漏水等问题。设计师解决完漏水的困扰后,将白色与木色运用于公共空间,通过强化复合式功能设计,为 40m² 的空间创造了多方位的生活情趣,餐厅区以吊柜与流理台打造开放式空间,并以可弹性收放的木板延展料理台面,台面后方特别设置的红酒柜,与冰箱、墙面形成统一的视觉效果,简化了格局动线。

Basic Information

屋主:Tony　　　面积:40m²
家庭成员:1 人
说赞好设计:红酒柜、动线

01. 透明玻璃收纳柜具有不错的展示效果:在纯白质感的 LOFT 空间中,以木质台面结合电视柜,以透明玻璃装饰收纳柜体,以通透材质结合木空间,颇有画龙点睛之妙。

图片提供 © 虫点子创意设计 X 室内设计

图片提供 © 虫点子创意设计 X 室内设计

02 红酒柜、电器柜与系统柜门齐平以省空间：
设计师在主卧、储藏室与厕所处均设计了隐
形门，隐藏私人空间，让门板的立面融入厨房
的柜体中，维持了空间的完整性。

功能
赞

03

在层板下方预留储存空间：去除多余的隔间，以
开放式的设计充分发挥单面采光的优点。流理
台和壁柜呈现的平行视觉效果，延伸了小屋景
深。悬空设计让柜体减轻了体量感，镂空的柜体
空间可以用来摆放拖鞋、扫地机器人等。

图片提供 © 虫点子创意设计 X 室内设计

Point 03 用对颜色，
让房子不仅变大还更有型！

01_ 缤纷色块为家增添趣味活力

这间已有 40 年屋龄的小住宅，原来的多重隔间设计不仅在视觉上给人造成了压迫感，也影响了房屋动线与采光，因此，设计师针对格局进行大幅度调整，使动线更顺畅，也通过主卧及客厅的大面积采光让整体空间更加明亮。此外，为了让老屋更具"生机"，设计师以柔和且缤纷的色块创造出不同空间的视觉效果，充分表现出色彩的创意与活力。

Basic Information

屋主：林小姐 面积：46m²
家庭成员：夫妻 +1 个孩子
说赞好设计：视觉主墙

01. 主题墙兼具多重功能：设计师在衔接客厅与主卧室的墙面上利用缤纷跃动的色块创造空间的主题性，这道主题墙既是沙发背景墙，也是主卧的隔墙，同时将通往阳台的隐形门融入其中，设计师对墙面进行了整合设计。

风格
赞

图片提供 © 合砌设计

图片提供 © 合砌设计

图片提供 © 合砌设计

02. 纯白基底让色彩更惊艳：以白色为基调的空间，不仅能够强化光线的亮度，还能让彩色墙面更加突出，利用色彩灯具与画作进行点缀，可以进一步与主墙相呼应，丰富了空间。

图片提供 © 合砌设计

图片提供 © 合砌设计

03. 色块让空间有了丰富的内涵：为了赋予空间全新的内涵，设计师通过色块进行营造。客厅是四角形色块、主卧是六角形色块，儿童房则由三角形色块勾勒出帐篷的创意图案。再利用色彩表现空间的变化与活力。

02_ 用色彩展现小空间的个性风格

Tina 经常去欧洲出差,非常迷恋乡村风的居家风格,而最初的几位设计师都建议将 26m² 的空间装饰成现代简约风,最终 Tina 找到专门打造乡村风的设计师,这位设计师只运用了色彩及材质就满足了她的需求。

Basic Information

屋主:Tina　　面积:26m²
家庭成员:1 人
说赞好设计:客厅、厨房

风格
赞

图片由广州名冠装饰空间设计

01. 利用绿色主墙放大空间感:考虑到 Tina 的房屋面积只有 26m²,并不适合做过于复杂的设计,设计师选择明亮的绿色修饰客厅主墙,并搭配乡村风的家具,营造出乡村风情,同时放大了空间感。

02. 利用文化石提升空间质感：由于空间小，并不适合全屋大面积使用明亮的色彩，所以设计师利用文化石装饰电视主墙。文化石也是乡村风的标志性石材，不仅能够展现装修风格，还能提升空间质感。

03. 橱柜柜门也能展现乡村风：为了凸显空间风格，设计师将开发商精装修的门板换成实木门板，并搭配格栅设计来营造乡村风情。

04. 利用细节设计营造乡村风：设计师不仅将橱柜柜门换成实木门板，还在卫生间使用绿色的百叶门，并与客厅的绿色主题墙相呼应。百叶也是乡村风的代表性元素。

03_ 拆除厨房隔墙更显宽敞

为了让新婚不久的陈先生夫妻俩在有限的空间里住得舒适,设计师特意将室内的隔墙拆除,以开放式的区域规划让公共空间更显宽敞、舒适。陈先生夫妻两人特别重视厨房区域,因此,设计师将 210 cm 长的橱柜延伸至 500 cm,并将其连接吧台,让厨房空间更显开阔,同时也满足了夫妻俩烹饪美食的需求,为两人使用笔记本电脑或情感互动创造了空间。

Basic Information

屋主:陈先生　　面积:53m²
家庭成员:夫妻
说赞好设计:吧台

01. 餐边柜化作玄关柜:将餐边柜置于玄关处,不仅巧妙地营造出餐厅的氛围,还分隔了餐厅与玄关,成为了绝佳的隔断。

图片提供 © 威枫设计工作室

质感赞

图片提供 © 威枫设计工作室

02.

利用深浅色调区分层次感：沙发背景墙上的蓝色调营造出清爽的空间氛围；餐厅则以深蓝色展现出尊贵奢华的感觉。设计师利用深浅色系的对比效果打造出不同的功能空间。

图片提供 © 威枫设计工作室

03.

镜面更显延伸感：在有限的空间里，将餐边柜的中部空间做镂空设计，并结合镜面材质，放大空间感的同时，还可以将视线延伸至餐厨区域。

图片提供 © 威枫设计工作室

04.

加长橱柜的长度且连接吧台：将橱柜的台面加长，并连接吧台，一字形的设计让走廊更显宽阔，复合式功能更能满足夫妻俩的生活需求。

04_ 利用缤纷色彩凸显美感

身为上班族的 Jennifer 夫妻俩喜爱美式乡村风，但房屋内梁柱结构过多，如何在有限的空间中创造出大量的储物空间，成为屋主夫妇最关注的问题。设计师以局部跳色的设计手法装扮墙面，增添视觉活泼感，还在零散的角落中融入各式收纳功能，满足了屋主的收纳需求。

Basic Information

屋主：Jennifer　　面积：59m²
家庭成员：夫妻 + 1 个孩子
说赞好设计：展示柜

风格
赞

图片提供 © 采荷设计

01 利用跳跃的色彩创造居家生命力：利用不同颜色的墙面界定功能空间，并与软装饰品与物件相搭配，让色彩与线条具有独特韵味。

02.

家具与软装饰品相协调：
利用天花板的大梁结构
划分客厅、餐厅，沙发
与卧榻区的鲜红色系，
不但成为了视觉焦点，而
且让空间充满活力。

03 利用开放式收纳柜表现美感：电视柜利用开放式层
板，让屋主收藏的瓷器能够陈列其中，展现动人的艺
术美感。

04.

展现异国风情的马赛克砖：在充满缤纷色彩的空间里，设计师
利用具有木纹质感的餐边柜，传达自然、朴实的韵味，柜体中部
通过马赛克砖装点墙面，表现出华丽的美感。

05_利用金属质感营造科技时尚小空间

梁先生的这套 43m² 住宅为长型格局，由于他喜爱现代科技风格，设计师在主体墙中设计了一块长形的金属板，并将其从电视墙延伸到床头，为简约清爽的室内注入一抹时尚感，不同墙面造型之间的视觉衔接也强化了视觉开阔度。在空间规划上，设计师利用被架高的卧铺规划出卧房区域，让客厅与休憩区域隐然成型。

Basic Information

屋主：梁先生　　面积：43m²
家庭成员：1 人
说赞好设计：电视墙

图片提供 © 尧丞希设计

01 小空间具有完备的功能：设计师在有限的长型空间里，创造了客厅与卧房，利用客厅两侧的梁柱设计出收纳空间，并且将洗衣机与橱柜的设计融为一体。

质感
赞

02.
利用前卫时尚的金属材质创造电视主
墙：设计师利用银色金属板表现风格
独特的电视墙体，并利用金属板内的
微型空间创造收纳柜，悬空的木质平
台具有展示功能，并表现出优美的轻
盈感。

03.
让单面采光的户型更具空间感：充分
利用屋内的一处开窗面，让光线进入
室内深处，从而加大视觉尺度，并在窗
边打造用于休闲的卧榻区。

04.
利用架高木地板规划出
卧房区：靠窗处以架高
木地板的设计技巧，借
由高度的视觉变化，界
定出功能空间，让客厅
与卧房空间分明。

06_将艺术融入居家的白色系风格中

为了在有限的空间中与家人共享爱的小窝，从事设计工作的金先生，花了许多心思跟设计师沟通设计细节，比如色系、切割比例，让美感与功能兼具。白色的柜体造型从玄关一直延伸到电视墙，白色系的延伸效果营造出放大空间的视觉感受。设计师在厨房中设计了 L 型中岛，当阳光通过落地窗照入室内时，可呈现出明亮、惬意的生活氛围。

Basic Information

屋主：金先生　　面积：50m²
家庭成员：夫妻 + 1 个孩子
说赞好设计：电视墙

风格
赞

图片提供 © 乐沐制作空间设计

01 在紫色墙面上布置艺术画作：有别于以白色与木纹质感打造的空间，设计师在紫色调的墙面上装饰了一幅雅致的艺术画作，展现出人文艺术气息。

图片提供 © 乐沐制作空间设计

02. 将电视墙结合收纳柜：设计师从玄关处打造白色柜体，一直延伸至客厅，让白色柜体成为电视墙造型的一部分，明亮的白色基调，让空间更显宽敞。

质感赞

图片提供 © 乐沐制作空间设计

03. 具有清水模质感的中岛台：清水模质感让中岛台流露一股简约、朴质的生活韵味；L 型台面显现出日常的行走动线。

04. 将梁柱结构结合冷气出风口：厨房的天花板通常被设计得很低，便于主次区域分明。设计师以仿水泥质感的材质打造天花板，将冷气出风口隐于其中，让造型与功能相融。

图片提供 © 乐沐制作空间设计

07_个性鲜明的灰美学

虽然这套老房子的地段很好,却存在通风不良、漏水、管线老旧等问题,直到被设计师规划改造后,才解决了这些问题,营造出温馨、舒适的空间。原先室内阴暗,空间封闭,因为格局的重新配置,外加弹性隔断的运用,视野变得开阔又通透。电视墙以仿清水模涂层进行装饰,利落又不失个性的暖灰色调让整个屋子的风格立刻鲜明起来。

Basic Information

屋主:Joe　　面积:83m²
家庭成员:1 人
说赞好设计:客厅

图片提供 © 虫点子创意设计 X 室内设计

01 利用拉门、卷帘充当隔墙:为了创造开阔的空间感,又让不同的空间功能分明,可以利用拉门、卷帘、布幔等轻软的材质充当隔墙。

風格
贊

02.
简化素材：如果空间不大，壁材种类应尽量简单。主要的柜体造型、连续墙面最好避免使用太花哨或两种以上的素材，否则会给人造成视觉压迫感，看久了也会让人生厌。

图片提供 © 虫点子创意设计 X 室内设计

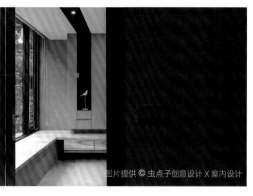

03.
富有创意的灯槽造型：一般情况下，玄关都会被精心布置。设计师顺着天花板往下，垂直延伸到展示柜的深色灯槽，蕴含着"欢迎回家"的温暖语意。

图片提供 © 虫点子创意设计 X 室内设计

04.
形式独特的双色柜：许多住宅因结构关系，都避不开横梁压顶的问题，利用梁下深度增设收纳柜也是常见的设计手法。设计师打造的双色柜子外白内黑，饶有趣味。

图片提供 © 虫点子创意设计 X 室内设计

08_英伦风格的电视墙，凸显屋主品味

身为工程师的年轻夫妻俩渴望欧洲休闲舒适的生活，希望将这套 76m² 的新房打造为英伦风。他俩喜欢玩 VR 电动游戏，则需要 2.5 m² 的空间作为游戏基地。设计师将客厅格局设计到最大，大胆地用蓝黑色装饰电视墙，刻意弱化了具有科技感的配件，借由电视柜上摆放的收藏品凸显屋主的生活品味。

▎Basic Information

屋主：尹先生、尹太太　　面积：76m²
家庭成员：夫妻
说赞好设计：电视墙

01. 动态陈列方式：深色电视墙作为进门后的第一个视觉焦点，设计师以极细的铁件打造电视墙的收纳展示架，高低错落，辅以滑动层板，便于调整展示形式。

图片提供 © 尔声空间设计

图片提供 © 尔声空间设计

图片提供 © 尔声空间设计

02. 以灰色作为调和色：如水泥般的灰色背景墙，舒缓了黑色电视墙和白色天花板之间的对比效果。灰色背景墙的中间部位采用开放式层板设计，两侧以推拉门隐藏了大量的空间。

图片提供 © 尔声空间设计

03. 黑与白的立体饰纹协奏曲：天花板的四个角落被融入了柔美、自然的设计语汇，开枝散叶的祝福从天而降，结合深色电视墙方正的线型层架，编织出英伦风格协奏曲。

大型家具
也适合小房子！

01_ 小空间也能拥有中岛厨房的开阔感

为了在有限的空间实现女主人拥有开放式中岛厨房的梦想，设计师反对将客厅作为核心公共空间，善用空间原本的挑高优势，将中岛厨房安排在空间尺度最佳的落地窗边，利用垂直视野的开阔性，化解大型中岛带来的空间局促感，同时结合屋主的生活习惯，将收纳空间与烹饪轻食的区域进行整合设计，让中岛成为家中最主要的活动区域。

Basic Information

屋主：陈先生　面积：56m²
家庭成员：夫妻
说赞好设计：中岛设计

01.
挑高格局弱化大型中岛体量感：在开放通透的挑高格局中，即使室内面积不到 60m²，设计师利用垂直面的绝佳视野尺度，弱化水平方向的体量感，让小户型也能拥有开放式中岛厨房。

质感
赞

图片提供 © 沐制作空间设计

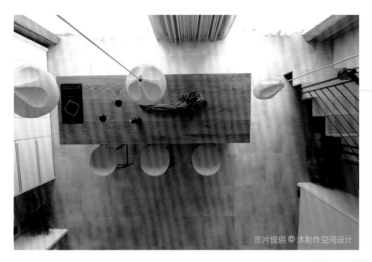

图片提供 © 沐制作空间设计

02

多重功能让中岛成为家的核心区域：挑高 4m 的层高汇集了落地窗外的光影变化，让餐厨中岛成为家的视觉焦点，作为烹饪轻食的吧台、书桌、工作桌等。餐厨成为屋主日常主要的活动区域。

03

打开窗，来场户外派对：将中岛安排于落地窗边，亲友来访时便可将落地窗完全打开，让户外与室内相通，周末时可以在户外举行派对活动。

图片提供 © 沐制作空间设计

图片提供 © 沐制作空间设计

04

结合中岛进行收纳，让空间更显利落：将餐厨区域的常用收纳空间集中设计于中岛内，不仅可以弥补一字形系统柜体的收纳限制，增加收纳容量，更能营造简洁利落的室内空间。

02_小家也可以有五星级厨房

这处仅 59m² 的小户型，不但拥有两间舒适的卧房，设计师还为喜爱下厨的女主人精心打造了一个五星级的大型中岛厨房，定制的功能中岛附加水槽与木质长桌衔接成一个整体，到访的亲友都为之欣羡不已！

Basic Information

屋主：Jean　　面积：59m²
家庭成员：夫妻
说赞好设计：厨房

质感
赞

图片提供 © 虫点子创意设计 X 室内设计

01 中岛加长桌的功能轴线：厨房中岛以及木质长桌的实际尺寸是设计师提前规划好的，所以它们之间的衔接十分自然。用定制的长凳替代普通餐椅，节省了空间。

图片提供 © 虫点子创意设计 X 室内设计

02.

清水模造型墙：受到安藤忠雄的影响，近几年清水模俨然成了各类空间设计、建筑设计的宠儿。而制作清水模的造价并不便宜，所以改以仿清水模涂料制作电视墙，既能节省预算又能凸显质感。

图片提供 © 虫点子创意设计 X 室内设计

03.

以重点色画龙点睛：色彩向来是空间设计师的利器，设计师在玄关的镜面处及餐厨区运用了枣红带紫的特殊色彩，并将其作为餐厨区的背景色，这种色彩也衬托了设计师亲手绘制的墙绘作品。

图片提供 © 虫点子创意设计 X 室内设计

04.

利用曲线造型表现创意技巧：客厅电视墙后方即主卧，设计师在这里运用了有趣的创意技巧：将客厅区窗前的坐榻往主卧延展，让连续的台面成为卧室里阅读兼梳妆的桌面。设计形式上的连贯性让空间感更通透，更具整体性。

PLUS 提升质感重点提示

01_找出最重要的功能区域，并放大空间感

空间越小，空间规划越重要。想要享受超越实际面积的空间感，可将生活方式作为设计切入点，对最重要的功能区域的空间感作放大处理，比如客厅、餐厅，甚至书房。融入生活形态的空间规划能够让舒适度翻倍。

02_重点使用一种昂贵的建材

使用昂贵的建材，就能打造出具奢华感的空间吗？答案并非绝对。因此，与其全部使用昂贵的建材，不如选择一种单价较高的高级建材，重点运用于空间中，在有效节省预算的同时，还可以达到升级空间的效果。

03_利用柜体、梁柱的细节设计可呈现精致感

开放式设计适用于小空间，居家空间中必备的柜体以及无法避免的梁柱是最容易被忽略的地方，不妨利用线板、镜面等材质，贴覆在柜体或梁柱表面以作装饰，既能丰富空间效果又能展现精致感。

04_经典家具值得投资，又能增添时尚感

除了将预算花费在装修设计及建材上，家具也是相当值得投资的单品之一，家具不仅运用灵活，造型质感兼具的家具还能成为空间中的吸睛点，并增加空间的时尚感，若是知名设计师的作品，则还能保值、升值。

05_灯具造型能让光线变得华丽

自然光线可让空间变得更开阔，人造光源则能营造空间氛围。除了光线颜色的选择及位置安排之外，灯具的造型及材质也会影响空间感，例如，水晶或不锈钢等材质的灯具，可呈现华丽感；不同颜色的 LED 灯则能展现出潮流时尚感。

06_升级设备，让生活更便利

将生活中常用的各种设备升级，如卫浴设备、音响设备、地暖系统等，不仅可以让生活方式变得更为便利，更能提升空间质感与生活品质。

PLUS　营造风格重点提示

01_ 利落风格有助于放大空间感

线条会影响空间感，若空间中出现过多的线条，反而会让人感觉到空间被切割。因此最好选择线条简洁，又没有过多装饰的装修风格，才能兼顾到小户型的空间感。

02_ 单一纯粹的风格优于混搭风

这几年很流行混搭风，它能够凸显出个人风格，但当空间有限时，混搭风反而容易让空间变得零乱，所以不如选择单一的风格让空间更显清爽。

03_ 创造吸睛的风格设计亮点

由于小户型空间有限，无法利用大面积的天花板、墙面、地面表现风格，不妨用墙面或是重点式地板呈现风格个性，这种设计手法既能聚焦视线，又不会影响空间感。

04_ 利用陈设物件灵活地塑造风格

家具、布饰等软装元素最能画龙点睛，并表现出装修风格。小户型寸土寸金，所以，墙面也应被合理地使用，与其用硬装呈现风格，不如运用灵活多变的软装，日后更便于转换装修风格。

05_ 结合生活方式的设计更适合小户型

在考虑小户型风格时，不能着重于室内空间的表现效果，而是要结合居住者的喜好、习惯及需求，结合生活方式的设计不仅能实现空间的实用功能，还能体现居住者的个性。

06_ 整合风格元素及实用功能

"整合"是小户型设计最重要的设计概念，即将风格元素与实用功能相结合，比如白色木质格子隔断既能营造出通透感，又能展现乡村风的特性；壁炉造型的电视柜一样具有整合设计的效果。

图书在版编目(CIP)数据

全能小户型设计：住得小，不如住得巧 / 漂亮家居编辑部著. -- 武汉：华中科技大学出版社，2019.5
ISBN 978-7-5680-4909-2

Ⅰ.①全… Ⅱ.①漂… Ⅲ.①住宅－室内装饰设计 Ⅳ.①TU241

中国版本图书馆CIP数据核字(2019)第049100号

全能小户型设计：住得小，不如住得巧　　　　　　　　　　　　　　　　　　　　漂亮家居编辑部　著
QUANNENG XIAOHUXING SHEJI:ZHUDE XIAO,BURU ZHUDE QIAO

责任编辑：彭霞霞　　　　　　　　　　　　　　　　　　　　　　　封面设计：杨小勤
责任校对：陈　骏　　　　　　　　　　　　　　　　　　　　　　　责任监印：朱　玢

出版发行：华中科技大学出版社（中国·武汉）　　　　　　　　　　电话：(027)81321913
　　　　　武汉市东湖新技术开发区华工科技园　　　　　　　　　　邮编：430223

录　　排：武汉东橙品牌策划设计有限公司
印　　刷：武汉市金港彩印有限公司
开　　本：710mm x 1000mm 1/16
印　　张：13
字　　数：288千字
版　　次：2019年5月第1版第1次印刷
定　　价：59.80元